"十二五"国家重点图书出版规划

物联网工程专业规划教材

传感器原理与应用

黄传河 主编

张文涛 刘丹丹 周 浩 编著

U0259626

机械工业出版社

China Machine Press

图书在版编目（CIP）数据

传感器原理与应用／黄传河主编．—北京：机械工业出版社，2014.11（2018.4 重印）
（物联网工程专业规划教材）

ISBN 978-7-111-48026-6

I. 传… II. 黄… III. 传感器 – 高等学校 – 教材 IV. TP212

中国版本图书馆 CIP 数据核字（2014）第 218232 号

本书基于物联网工程专业的教学需求，充分考虑教学规律，突出专业特点，紧密联系实际，系统全面地介绍各类传感器的结构、工作原理、特性、参数、电路及典型工程应用，覆盖传感技术研究中的最新成果。本书的主要内容涉及：传感器概论、无线传感器、光纤传感器、成像传感器、其他传感器、传感器的信号处理、传感器的数据处理、传感器的数据通信以及传感器的应用。

本书可作为高等学校物联网工程专业或相关专业"传感器原理及应用"课程的教材，也可作为教师以及工程技术人员的参考用书。

出版发行：机械工业出版社（北京市西城区百万庄大街 22 号 邮政编码：100037）

责任编辑：朱 劼 责任校对：董纪丽

印 刷：北京诚信伟业印刷有限公司 版 次：2018 年 4 月第 1 版第 2 次印刷

开 本：185mm×260mm 1/16 印 张：12.75

书 号：ISBN 978-7-111-48026-6 定 价：35.00 元

前　言

　　"物联网"的概念自 1999 年首次提出后就引起了社会的广泛关注。近年来，我国将物联网确定为"国家战略性新兴产业"，863/973 计划、国家重大科技专项都对物联网的关键问题研究予以支持，工信部、发改委也投入专项资金发展物联网产业，物联网已在我国蓬勃发展。为培养物联网专业人才，教育部设立了"物联网工程专业"，至今已有几百所高校开设此专业。

　　传感器技术是物联网技术的重要分支，也是物联网和传感网的重要基础。传感器应用极其广泛，而且种类繁多，本书仅介绍一些在物联网产业中最常见、不可或缺的几类传感器。本书的编写遵循基础性、实用性的原则，对这些传感器的基本原理、结构、性能、用途及其他重要特征等进行介绍，同时给出较为详细的概念、规律，以及必要的、简明的数学推导或原理说明，并结合传感器的应用实例进行讲解，引导读者学习、掌握传感器的应用技术。

　　全书共 9 章，第 1 章介绍传感器的基础知识，其余各章均具有一定的独立性。第 1 章"传感器概论"，对传感器的基本组成、分类、基本工作原理及其应用等进行了介绍；第 2 章"无线传感器"，描述无线传感器节点的硬件组成、能量消耗的控制和处理、操作系统及数据处理，并给出了一个典型的无线传感器的例子——Mica 节点，最后简要介绍无线传感器网络的相关知识，扩展学生的知识面；第 3 章"光纤传感器"，介绍光纤传感器的定义与分类、光纤传感器的基本工作原理，将描述和分析 7 种典型的光纤传感器，并对先进的分布式光纤传感器和 MEMS 传感器进行分析和介绍，最后简要描述光纤传感器的封装技术；第 4 章"成像传感器"，将探讨成像传感器的物理基础和基本工作原理，然后重点介绍和分析成像传感器相关的感知器件；第 5 章"其他传感器"，将先后分析和阐述化学传感器、压电式传感器、磁敏传感器和生物传感器的特性、工作原理和应用；第 6 章"传感器的信号处理"，将对传感器中典型的信号处理电路和方法进行分析和阐释；第 7 章"传感器的数据处理"，将介绍传感器中数据处理的基本工具及数据融合的原理和一般方法；第 8 章"传感器的数据通信"，首先对传感器中通信模块的基本组成原理及其功能进行分析和描述，接着介绍 5 种典型的传感器数据通信模块，最后对当前流行的 4 类传感器数据通信协议和方法进行较为详细和系统的介绍与描述；第 9 章"传感器的应用"，以"基于无线传感器的网络协同智能交通系统"、"建筑结构无线传感器网络健康监测系统"及"基于 RVM 的多功能自确认水质检测传感器"三个应用为例来介绍传感器的应用。

本书由武汉大学计算机学院黄传河教授策划和主编，并完成全书的整理、审核等工作。其中，第 1、2、7 章由刘丹丹等负责整理与编写；第 3、4、8 章由张文涛等负责整理与编写；第 5、6、9 章由周浩等负责整理与编写。

值得一提的是，传感器技术发展日新月异，不断推陈出新，我们应以科学发展的眼光看待物联网和传感器技术，掌握其核心技术和有效方法，不断学习新技术，与时俱进。

另外，本书作为系列丛书之一，其知识结构在整个专业知识体系中处于至关重要、不可或缺的地位；而仅靠一本书是不可能将相关内容介绍全面的。编者建议读者在学习该部分知识的同时，有必要查阅其他相关书籍和资料，博观约取、厚积薄发！

在本书的编写过程中，参考了大量相关文献以及网络上发布的各种资料，在这里向这些参考文献的作者表示感谢！感谢所有对本书的编写和出版提供帮助的人！

由于本书的编写时间紧、任务重，加之作者水平有限，因此，书中不可避免地存在疏漏甚至谬误之处，还望广大读者指正，以期在后续版本中进行完善。

编　者
2014 年 11 月

教学建议

本书可以作为物联网工程专业"传感器原理与应用"课程的教材，建议安排为 3 学分的课程，其中理论学时为 45，实践学时为 9。建议在本科第四学期开设本课程。

教学内容	教学要求	课时
第 1 章 传感器基础	• 掌握传感器的基础知识 • 掌握传感器的定义及特点 • 了解传感器技术的发展趋势 • 掌握传感器的一般组成结构 • 了解敏感元件、转换元件及转换电路的基本原理 • 掌握传感器的分类及依据 • 了解主要传感器的基本工作原理（具体工作原理将在后续章节中详细讲解） • 了解传感器的主要应用领域和模式，以及典型应用实例	3
第 2 章 无线传感器及 无线传感器网络	• 熟悉无线传感器节点的硬件组成及主要功能模块 • 理解无线传感器节点能耗控制的基本原理 • 掌握无线传感器节点能耗控制的主要方法 • 了解无线传感器操作系统 TinyOS 的基本概念、原理、编程语言、编程模型等 • 了解无线传感器数据处理 TinyDB 的基本概念、原理、特点和具体方法 • 熟悉无线传感器的典型例子 Mica 系列 • 了解无线传感器网络的原理、组成、应用、特点、协议及网络实例	5
第 3 章 光纤传感器	• 熟悉光纤传感器定义与分类 • 理解光纤的工作原理和结构 • 熟练掌握光纤传感器的工作原理 • 理解光纤传感器的特性 • 熟悉几种典型类型光纤传感器 • 熟练掌握分布式光纤传感器的原理 • 了解分布式光纤传感器的应用 • 熟练掌握 MEMS 传感器的原理和组成结构 • 了解 MEMS 传感器的特性和应用 • 熟悉光纤传感器的封装技术 • 理解光纤传感器网络的组成、结构、特性及应用	5

（续）

教学内容	教学要求	课时
第 4 章 成像传感器	• 理解成像传感器的物理基础 • 理解并掌握成像传感器的基本工作原理 • 掌握常见的各类成像传感器器件的基本工作原理、组成结构和工作方式	4
第 5 章 其他传感器	• 理解并掌握主要化学传感器的基本概念、工作原理、主要类型、主要功能、基本特点和发展趋势 • 理解并掌握典型的压敏传感器的基本概念、工作原理、基本特点和功能 • 理解并掌握典型的磁敏传感器的基本概念、工作原理、基本特点和功能 • 理解并掌握典型的触觉传感器的基本概念、工作原理、基本特点和功能 • 理解并掌握典型的视觉传感器的基本概念、工作原理、基本特点和功能 • 理解并掌握主要生物传感器的基本概念、工作原理、主要类型、主要功能、基本特点和发展趋势	6
第 6 章 传感器的信号处理	• 理解传感器信号处理的一般原理和一般方法 • 掌握传感器信号处理的主要方法 • 理解传感器信号转换和输出方法 • 掌握主要的传感器数字信号输出方法 • 理解信号补偿和放大的原理和主要方法	4
第 7 章 传感器的数据处理	• 了解传感器数据处理的基本原理和主要方法 • 掌握运用 NesC 语言进行数据处理的原理和方法 • 掌握数据融合的概念、原理和主要方法	6
第 8 章 传感器的数据通信	• 熟悉传感器通信模块的组成、工作原理 • 理解传感器通信模块的主要功能 • 掌握几种常用的传感器通信模块的组成、原理和工作方式 • 熟悉并理解几种主要的传感器通信协议，如 ZigBee、UWB、BT 和 NFC 等	6
第 9 章 传感器的应用	• 熟悉并理解几种常见的传感器应用系统的组成结构、工作原理和工作方式，如环境监测系统、位移监测系统、视频监测系统以及水质监测系统等	4
习题课	针对每章练习题中学生的共性问题和重难点问题进行解析	2
实践	重点内容的配套实验和课外实践	9
总课时	理论	45
	实践	9

本书各章最后都附有习题，任课教师可以根据情况，给学生布置一些基本的和中等难度的习题作为课外作业。主要内容讲授完毕后可安排一次集中的习题课。在习题课上可以由教师讲解以前课外作业中存在的带有普遍性的问题，也可以安排稍难一些的习题让学生在课上做出解答，然后由教师指导进行讨论，最后得出不仅正确而且较好的答案。

理论课程讲授过程中，应根据本课程教学大纲的要求按序进行传感器实验课程和课外实践活动。实验课时应不少于 9 学时；课外实践活动可选，应根据实际情况和学生兴趣进行适当安排。

目　录

X

第1章 传感器基础

物联网是随着信息技术发展而出现的一个新的概念。通过物联网，可在传统工业、生产安全、工程控制、交通管理、城市管理、农牧业生产、商业流通等领域建立随时能在物体与物体之间沟通的智能系统。物联网是互联网应用的拓展重点，是泛在网的起点，是信息化与工业化融合的切入点，是战略性新兴产业的增长点，是国际竞争的新热点。中国科学院姚建铨院士指出：凡是由传感器、传感技术及利用某种物体相互作用而感知物体的特征，按约定的协议实现任何时刻、任何地点、任何物体、任何人，实现所有人与人、物与物、人与物之间互联互通，进行信息交换和通信，实现智能化的识别、定位、跟踪、监控和管理的一种网络，即可称为物联网。物联网上部署了海量的多种类型传感器，每个传感器都是一个信息源，不同类别的传感器所捕获的信息内容和信息格式不同。传感器获得的数据具有实时性，其按一定的频率周期性地采集环境信息，并不断更新数据。可以看出，传感器是物联网实现全面智能感知的最重要的技术之一。

1.1 传感器的概念

1.1.1 传感器的定义

传感器是指那些对被测对象的某一确定的信息具有感受（或响应）与检出功能，并使之按照一定规律转换成与之对应的可输出信号，以满足信息的传输、处理、存储、显示、记录和控制等要求的元器件或装置的总称，它是实现自动检测和自动控制的首要环节。广义地说，传感器就是一种能将物理量或化学量转变成便于利用的电信号的器件。国家标准 GB 7665—87 对传感器的定义是："能感受规定的被测量并按照一定的规律转

换成可用信号的器件或装置,通常由敏感元件和转换元件组成。"国际电工委员会(International Electrotechnical Committee,IEC)对其的定义为:"传感器是测量系统中的一种前置部件,它将输入变量转换成可供测量的信号。"按照 Gopel 等的说法是:"传感器是包括承载体和电路连接的敏感元件",而"传感器系统则是组合有某种信息处理(模拟或数字)能力的传感器"。简单来说,这些定义都包含了以下几方面的含义:①传感器是测量装置,能完成检测任务;②它的输出量是某一被测量,可能是物理量,也可能是化学量、生物量等;③它的输出量是某种物理量,这种物理量要便于传输、转换、处理、显示等,可以是气、光、电量,但主要是电量;④输出和输入有对应关系,且应有一定的精确程度。

传感器是传感器系统的一个组成部分,它是被测量信号输入的第一道关口。传感器可以直接接触被测对象,也可以不接触。通常对传感器设定了许多技术要求,有一些是对各种类型传感器都适用的,也有只对某些类型传感器适用的特殊要求。各传感器在不同场合均应符合以下要求:高灵敏度、抗干扰的稳定性、线性、容易调节、高精度、高可靠性、无迟滞性、工作寿命长、可重复性、抗老化、高响应速率、抗环境影响、互换性、低成本、宽测量范围、小尺寸、重量轻、高强度、宽工作范围等。

1.1.2 传感器技术的特点

传感器技术的特点体现在其知识密集性、内容离散性、品种庞杂性、功能智能性、测试精确性、工艺复杂性和应用广泛性上。

1. 知识密集性

传感器技术几乎涉及支撑现代文明的所有科学技术。各类传感器机理各异,与多门学科密切相关,在理论上以物理学中的"效应"、"现象",化学中的"反应",生物学中的"机理"作为基础;在技术上涉及电子、机械制造、化学工程、生物工程等学科的技术,是多学科相互渗透的知识密集性领域。

2. 内容离散性

内容离散性主要体现在传感器技术的特点所涉及和利用的物理学、化学、生物学中的"效应"、"反应"、"机理",不仅为数甚多,而且往往是彼此独立,甚至是完全不相关的,因此翻开有关传感器技术的教材和参考书的目录会发现章节顺序各异,但各有其道理。了解这些特点后,读者对传感器技术的地位和作用即可有一定的概念了。

3. 品种庞杂性

首先,自然界中的信息千差万别,不同的信息对应不同类别的传感器,如液位传感器、温度传感器、速度传感器等,品种繁多。其次,针对自然界中一种信息的检测,就可根据不同原理、利用不同材料制作出许多种类的传感器,例如仅线位移传感器就有 18 种。再次,由于产品更新换代快,新的传感器不断出现,传感器规格、品种不断增加。另外,从杂志、书籍中见到的传感器品种名称各异。传感器可按其结构、敏感材料、输入量情况、输出量情况、工作原理、功能及应用分类，同一种传感器基于不同分类也含有很多名称。可见，传感器具有品种庞杂性的特点。

4. 功能智能性

传感器具有多种作用，既可代替人类五官感觉的功能，也能检测人类五官不能感觉的信息（如超声波、红外线等），称得上是人类五官功能的扩展。同时，其还能在人类无法忍受的高温、高压等恶劣环境下工作，并且一些传感器还具有记忆、存储、解析、统计处理和自诊断、自校准、自适应等功能，因而称其具有"智能性"。

5. 测试精确性

在一些特殊场合下，如测试飞机的强度时，要在机身、机翼贴上几百片应变片，在试飞时还要利用传感器测量发动机的参数（转速、转矩、震动），以及机上有关部位各种参数（应力、温度、流量）等，这就要求传感器具有较高灵敏度，能够快速反映上述参数变化。现在传感器检测温度可达 $-273\,℃\sim1000\,℃$，湿度在几个 PPM 到 100% RH 之间，传感器精度可在 0.001% ~0.1% 范围内，可靠度可达 8~9 级。

6. 工艺复杂性

传感器的制作涉及许多高新技术，如集成技术、薄膜技术、超导技术、捏合技术、高密封技术、特种加工技术，以及多功能化、智能化技术等，工艺难度很大，要求极高。例如直径为 1 栅的微型传感器精加工技术、厚度为 1pJn 以下的硅片超薄加工技术、耐压几百 MPa 的大压力传感器的密封技术等生产工艺都极其复杂。

7. 应用广泛性

现代信息系统中待测的信息量很多，一种待测信息可由几种传感器来测量，一种传感器也可测量多种信息，因此传感器种类繁多，应用广泛，从航空、航天、兵器、交通、机械、电子、冶炼、轻工、化工、煤炭、石油、环保、医疗、生物工程等领域，到农、林、牧副、渔业，以及人们的衣、食、住、行等生活的方方面面，几乎无处不使用传感器，无处不需要传感器。

1.1.3　传感器技术的发展趋势

随着传感器技术应用的日益广泛，它已成为影响人们生活的重要因素之一。因此传感器的开发成为目前的热门研究课题之一。可以从以下几方面来看传感器技术的发展趋势：一是开发新材料、新工艺和开发新型传感器；二是实现传感器的多功能、高精度、集成化和智能化；三是通过传感器与其他学科的交叉整合，实现无线网络化。

1. 新型传感器

传感器的工作机理基于各种物理（化学或生物）效应和定律，由此启发人们进一步探索具有新效应的敏感功能材料，并研制新型传感器。除此之外，开发新材料传感器是传感器技术的重要基础，除了早期使用的半导体材料、陶瓷材料以外，光导纤维、纳米材料、超导材料等相继问世为传感器发展带来了新的契机，人工智能材料更是给我们带来一个新的天地，人工智能材料同时具有三个特征：能感知环境条件的变化（传统传感器）的功能；识别、判断（处理器）功能；发出指令和自采取行动（执引器）功能。随着研究的不断深入，未来将会有更多、更新的传感器材料被开发出来。

2. 传感器集成化

传感器集成化包含两个含义：一个是同一功能的多元件并列，目前发展很快的自扫描光电二极管列阵、CCD图像传感器就属此类；另一种含义是功能一体化，即将传感器与放大、运算以及温度补偿等环节一体化，组装成一个器件。例如将压敏电阻、电桥、电压放大器和温度补偿电路集成在一起的单块压力传感器。

3. 智能传感器

智能传感器是将传感器与计算机集成在一块芯片上，它将敏感技术与信息处理技术相结合。和传统传感器相比，智能传感器具有逻辑判断、统计处理、自诊断、自校准、自适应、自调整、组态、记忆、存储、数据通信等功能。由于"电脑"的加入，智能传感器可通过各种软件对信息检测过程进行管理和调节，使之工作在最佳状态，从而增强传感器的功能，提升传感器的性能。

4. 多学科交叉融合

无线传感器网络是由大量无处不在的，具备无线通信与计算能力的微小传感器节点构成的自组织分布式网络系统，是能根据环境自主完成指定任务的"智能"系统。它是涉及微传感器与微机械、通信、自动控制、人工智能等多学科的综合技术，其应用已由军事领域扩展到反恐、防爆、环境监测、医疗保障、家居、商业、工业等众多领域，具有多学科交叉融合的特性。

5. 加工技术微精细化

随着传感器产品质量的提升，加工技术的微精细化对传感器的生产越来越重要。微机械加工技术是近年来随着集成电路工艺发展起来的，它是将离子束、电子束、激光束和化学刻蚀等用于微电子加工的技术，目前已越来越多地用于传感器制造工艺。另外一个发展趋势是越来越多的生产厂家将传感器作为一种工艺品来精雕细琢。无论是每一根导线，还是导线防水接头的出孔，传感器的制作都达到了工艺品的水平。

6. 多传感器数据融合技术

多传感器数据融合技术形成于20世纪80年代且正在形成热点，它不同于一般的信号处理，也不同于单个或多个传感器的监测和测量，而是基于多个传感器测量结果的更高层次的综合决策过程。鉴于传感器技术的微型化、智能化程度提高，在信息获取基础上，多种功能进一步集成、融合已成为必然的趋势。多传感器数据融合技术也将促进传感器技术的发展。

1.2 传感器的组成

1.2.1 传感器的一般组成

传感器是一种以一定的精确度把被测量转换为与之有确定对应关系的、便于应用的某种物理量的测量装置。传感器的功能可概括为：一感二传。传感器一般由敏感元件、转换元件和转换电路三部分组成。敏感元件可以直接感受被测量的变化，并输出与被测量成确定关系的元件。敏感元件的输出就是转换元件的输入，它将输入转换成电参量。上述的电参量进入基本转换电路中，就可以转换成电量输出。传感器只完成被测参数到电量的基本转换，其组成框图如图1-1所示。

图 1-1　传感器组成框图

1.2.2 敏感元件

敏感元件品种繁多，按其感知外界信息的原理来分类，可分为：①物理类，基于力、热、光、电、磁和声等物理效应；②化学类，基于化学反应的原理；③生物类，基于酶、抗体和激素等分子识别功能。根据其基本感知功能，可分为热敏元件、光敏元件、气敏元件、力敏元件、磁敏元件、湿敏元件、声敏元件、放射线敏感元件、色敏元件和味敏元件十类（还有人曾将传感器分为46类）。下面对常用的热敏、光敏、气敏、力敏和磁敏传感器及其敏感元件简单介绍如下。

1. 温度传感器及热敏元件

温度传感器主要由热敏元件组成。热敏元件品种较多，常见的有双金属片、铜热电阻、铂热电阻、热电偶及半导体热敏电阻等。以半导体热敏电阻为探测元件的温度传感器应用广泛，这是因为在元件允许的工作条件范围内，半导体热敏电阻器具有体积小、灵敏度高、精度高的特点，而且制造工艺简单、价格低廉。

2. 光传感器及光敏元件

光传感器主要由光敏元件组成。目前光敏元件发展迅速、品种繁多、应用广泛，常见的光敏元件有光敏电阻器、光电二极管、光电三极管、光电耦合器和光电池等。

3. 气敏传感器及气敏元件

由于气体与人类的日常生活密切相关，对气体进行检测已成为保护和改善生态、居住环境不可缺少的方法，这其中，气敏传感器发挥着极其重要的作用。例如，利用 SnO_2

金属氧化物半导体气敏材料，通过颗粒超微细化和掺杂工艺制备 SnO_2 纳米颗粒，并以此为基体掺杂一定催化剂，经适当烧结工艺进行表面修饰，制成旁热式烧结型 CO 敏感元件，能够探测 0.005% ~0.5% 范围的 CO 气体。还有许多对易爆可燃气体、酒精气体、汽车尾气等有毒气体进行探测的传感器。常用的主要有接触燃烧式气体传感器、电化学气敏传感器和半导体气敏传感器等。

4. 力敏传感器和力敏元件

力敏传感器的种类甚多，传统的原理是利用弹性材料的形变和位移来进行测量。随着微电子技术的发展，利用半导体材料的压阻效应（即在某一方向对其施加压力，其电阻率就发生变化）和良好的弹性，已经研制出体积小、重量轻、灵敏度高的力敏传感器，广泛用于压力、加速度等物理力学量的测量。

5. 磁敏传感器和磁敏元件

目前，磁敏元件有霍尔器件（基于霍尔效应）、磁阻器件（基于磁阻效应，即外加磁场使半导体的电阻随磁场的增大而增加）、磁敏二极管和三极管等。以磁敏元件为基础的磁敏传感器在一些电、磁学量和力学量的测量中应用广泛。

1.2.3 转换元件

转换元件指传感器中能将敏感元件的输出转换为适于传输和测量的电信号部分，它是传感器的重要组成部分。它的前一环节是敏感元件。但有些传感器的敏感元件与转换元件是合并在一起的，例如，应变式传感器的转换元件是一个应变片。一般传感器的转换元件是需要辅助电源的。转换元件又可以细分为电转换元件和光转换元件。

1.2.4 转换电路

被测物理量通过信号检测传感器后转换为电参数或电量，其中电阻、电感、电容、电荷、频率等还需要进一步转换为电压或电流。一般情况下，电压、电流还需要放大。这些功能都由中间转换电路来实现。因此，转换电路是信号检测传感器与测量记录仪表和计算机之间的重要桥梁。

转换电路的主要作用为：

1）将信号检测传感器输出的微弱信号进行放大、滤波，以满足测量、记录仪表的需要；

2）完成信号的组合、比较，系统间阻抗匹配及反向等工作，以实现自动检测和控制；

3）完成信号的转换。

在信号检测技术中，常用的转换电路有电桥、放大器、滤波器、调频电路、阻抗匹配电路等。

1.3 传感器的分类

1.3.1 传感器的分类依据

我们已经基本了解什么是传感器了，那么我们如何为传感器分类呢？可以根据传感器转换原理（传感器工作的基本物理或化学效应）、用途、输出信号类型以及它们的制作材料和工艺等进行分类。

根据传感器工作原理，可分为物理传感器和化学传感器两大类。物理传感器应用的是物理效应，诸如压电效应、磁致伸缩现象、离化/极化/热电/光电/磁电等效应，被测信号量的微小变化都将转换成电信号。化学传感器包括那些以化学吸附、电化学反应等现象为因果关系的传感器，被测信号量的微小变化也将转换成电信号。大多数传感器是以物理原理为基础运作的。化学传感器技术问题较多，例如可靠性、规模生产的可能性、价格等问题。

1.3.2 传感器的分类方法

1. 按用途分类

传感器按照其用途可分为：压力敏和力敏传感器、位置传感器、液面传感器、能耗传感器、速度传感器、加速度传感器、射线辐射传感器、热敏传感器、24GHz 雷达传感器等。

2. 按物理工作原理分类

传感器按照物理工作原理可分为：振动传感器、湿敏传感器、磁敏传感器、气敏传感器、真空度传感器、生物传感器等。

3. 按输出信号分类

传感器按照其输出信号可分为：模拟传感器、数字传感器、膺数字传感器和开关传感器。其中：

模拟传感器——将被测量的非电学量转换成模拟电信号。

数字传感器——将被测量的非电学量转换成数字输出信号（包括直接和间接转换）。

膺数字传感器——将被测量的信号量转换成频率信号或短周期信号的输出（包括直接或间接转换）。

开关传感器——当一个被测量的信号达到某个阈值时，传感器相应地输出一个设定的低电平或高电平信号。

4. 按材料分类

在外界因素的作用下，所有材料都会做出相应的、具有特征性的反应。它们中的那些对外界作用最敏感的材料，即那些具有功能特性的材料，被用来制作传感器的敏感元件。从所应用的材料的角度可将传感器分成下列几类：

1）按照其所用材料的类别可分为金属聚合物和陶瓷混合物；

2）按材料的物理性质可分为导体绝缘体和半导体磁性材料；

3）按材料的晶体结构可分为单晶、多晶、非晶材料。

5. 按制造工艺分类

传感器按照其制造工艺可分为：集成传感器、薄膜传感器、厚膜传感器和陶瓷传感器。其中：

集成传感器——由标准的生产硅基半导体集成电路的工艺技术制造。通常还将用于初步处理被测信号的部分电路集成在同一芯片上。

薄膜传感器——由沉积在介质衬底（基板）上的相应敏感材料的薄膜形成。使用混合工艺时，同样可将部分电路制造在此基板上。

厚膜传感器——利用相应材料的浆料涂覆在陶瓷基片上制成的，基片通常是 Al_2O_3 制成的，然后对其进行热处理，使厚膜成形。

陶瓷传感器——采用标准的陶瓷工艺或其某种变种工艺（溶胶－凝胶等）生产。

厚膜传感器和陶瓷传感器两种工艺之间有许多共同特性，在某些方面，可以认为厚膜工艺是陶瓷工艺的一种变型。

1.4 传感器的工作原理

除了以上的分类方法，若按传感器的工作机理可分为物理型、化学型、生物型等。对于物理型，按传感器的构成原理又可分为结构型与物性型两类。根据传感器的能量转换情况可分为能量控制型传感器和能量转换型传感器。下面具体介绍它们的工作原理。

1.4.1 物理型传感器的工作原理

作为传感器工作基于的物理定律包括场的定律、物质定律、守恒定律和统计定律等。物理传感器应用的是物理效应，诸如压电效应、磁致伸缩现象、离化/极化/热电/光电/磁电等效应。被测信号量的微小变化都将转换成电信号。用到的主要物理特性包括：

①电参量式：包括电阻、电感、电容；②磁电式：包括磁电感应、霍尔、磁栅；③压电式：包括声波、超声波；④光电式：包括光电、光栅、激光、光导纤维、红外、摄像；⑤气电式：包括电位器、应变；⑥热电式：包括热电偶、热电阻；⑦波式：包括超声波、微波；⑧射线式：包括热辐射、γ射线；⑨半导体式：包括霍耳器件、热敏电阻；⑩其他：包括差动变压器、振弦等。

举个例子，光电传感器的主要工作流程就是接受相应的光的照射，通过类似光敏电阻这样的器件将光能转化为电能，然后通过放大和去噪处理即可得到所需要的输出的电信号。这里的输出电信号和原始的光信号有一定的关系，通常是接近线性的关系，这样计算原始的光信号就不是很复杂了（如图 1-2 所示）。其他物理传感器的原理都可以类比于光电传感器。

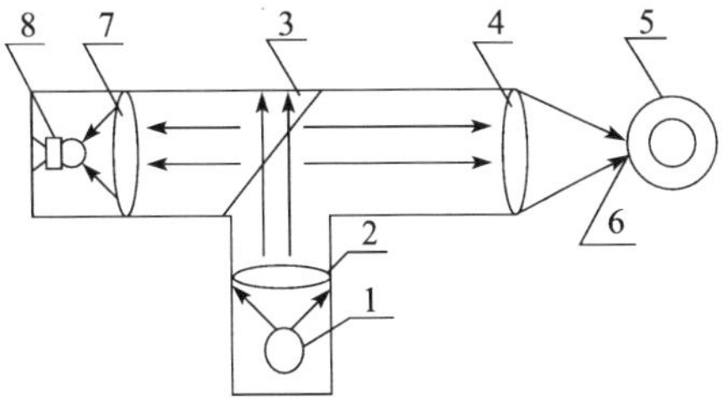

更进一步，物理型传感器又可以分为结构型传感器和物性型传感器。

1. 结构型传感器

结构型传感器是以结构（如形状、尺寸等）为基础，利用某些物理规律来感受（敏感）被测量，并将其转换为电信号从而实现测量的。例如，对于电容式压力传感器，必

图 1-2　光电传感器
1—光源　2—透镜　3—半透膜　4—透镜
5—罗拉　6—反光物　7—透镜　8—光敏三极管

须有按规定参数设计制成的电容式敏感元件，当被测压力作用在电容式敏感元件的动极板上时，引起电容间隙的变化导致电容值的变化，从而实现对压力的测量。对于谐振式压力传感器，必须设计制作一个合适的感受被测压力的谐振敏感元件，当被测压力变化时，改变谐振敏感结构的等效刚度，导致谐振敏感元件的固有频率发生变化，从而实现对压力的测量。

2. 物性型传感器

物性型传感器就是利用某些功能材料本身所具有的内在特性及效应感受（敏感）被测量，并转换成可用电信号的传感器。例如，利用具有压电特性的石英晶体材料制成的压电式传感器，就是利用石英晶体材料本身具有的正压电效应来实现对压力测量的；利用半导体材料在被测压力作用下引起其内部应力变化导致其电阻值变化制成的压阻式传感器，就是利用半导体材料的压阻效应而实现对压力的测量。

一般而言，物性型传感器对物理效应和敏感结构都有一定要求，但侧重点不同。结构型传感器强调要依靠精密设计制作的结构才能保证其正常工作；而物性型传感器则主要依据材料本身的物理特性、物理效应来实现对被测量的感应。近年来，由于材料科学技术的飞速发展与进步，物性型传感器的应用越来越广泛。这与该类传感器便于批量生产、成本较低及易于小型化等特点密切相关。

1.4.2　化学型传感器的工作原理

化学型传感器多用于化学测量，如生产流程分析和环境污染监测，在矿产资源的探测、气象观测和遥测、工业自动化、医学上远距离诊断和实时监测、农业中生鲜保存和鱼群探测、防盗、安全报警和节能等各方面都有重要的应用。

化学型传感器包括那些以化学吸附、电化学反应等现象为因果关系的传感器，其可将被测信号量的微小变化也转换成电信号。按传感方式，化学型传感器可分为接触式与非接触式化学型传感器。化学型传感器的结构有两种：一种是分离型传感器，如离子传感器，其液膜或固体膜具有接收器功能，膜完成电信号的转换功能，它的接收和转换部

位是分离的，有利于对每种功能分别进行优化；另一种是组装一体化传感器，如半导体气体传感器，其分子俘获功能与电流转换功能在同一部位进行，有利于化学型传感器的微型化。如图1-3所示为场效应化学型传感器的工作原理

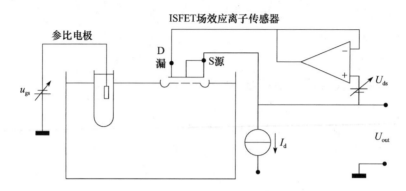

图1-3　场效应化学型传感器工作原理

1.4.3　生物型传感器的工作原理

生物型传感器（如图1-4所示）由分子识别部分（敏感元件）和转换部分（换能器）构成，分子识别部分识别被测目标，是可以引起某种物理变化或化学变化的主要功能元件，是生物型传感器选择性测定的基础。

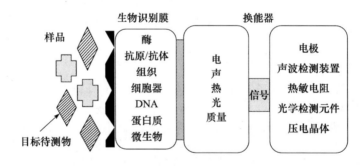

图1-4　生物型传感器

生物体中能够选择性地分辨某种特质的物质有酶、抗体、组织、细胞等。这些分子识别功能物质通过识别过程可与被测目标结合成复合物，如抗体和抗原的结合、酶与基质的结合。在设计生物型传感器时，选择适合于测定对象的识别功能物质是极为重要的前提；要考虑到所产生的复合物的特性。根据分子识别功能物质制备的敏感元件所引起的化学变化或物理变化来选择换能器，是研制高质量生物型传感器的另一重要环节。敏感元件中光、热、化学物质的生成或消耗会产生相应的变化量。根据这些变化量，可以选择适当的换能器。生物化学反应过程产生的信息是多元化的，微电子学和现代传感技术的成果为检测这些信息提供了丰富的方式与途径。

1.4.4 能量控制型传感器的工作原理

能量控制型传感器又称为无源式、他源式或参量式传感器。在进行信号转换时，需要先获得能量，即从外部供给辅助能源使传感器工作，并且由被测量来控制外部供给能量的变化等。对于无源传感器，被测非电量只是对传感器中的能量起控制或调制作用，通过测量电路将其变为电压或电流量，然后进行转换、放大，以推动指示或记录仪表。配用测量电路通常是电桥电路或谐振电路。例如，电阻式、电容式、电感式、差动变压器式、涡流式、热敏电阻、光电管、光敏电阻、湿敏电阻、磁敏电阻等，基于应变电阻效应、磁阻效应、热阻效应、光电效应、霍尔效应等。

1.4.5 能量转换型传感器的工作原理

能量转换型传感器主要由能量变换元件构成，它不需要外电源。如基于压电效应、热电效应、光电动势效应等的传感器都属于此类传感器。在进行信号转换时不需要另外提供能量，直接由被测对象输入能量，将输入信号能量变换为另一种形式的能量输出使其工作。有源传感器类似一台微型发电机，它能将输入的非电能量转换成电能输出，传感器本身勿须外加电源，信号发射所需的能量直接从被测对象取得。因此只要配上必要的放大器就能推动记录仪表显示。例如，压电式、压磁式、电磁式、电动式、热电偶、光电池、霍尔元件、磁致伸缩式、电致伸缩式、静电式等传感器。在这类传感器中，有一部分能量的变换是可逆的，也可以将电能转换为机械能或其他非电量，如压电式、压磁式、电动式传感器等。

表 1-1 给出了能量控制型和能量转换型传感器的关系分类和对比。

表 1-1 传感器的工作原理按能量关系分类

能量控制型	能量转换型
应变效应（应变片）	压电效应（压电式）
压阻效应（应变片）	压磁效应（压磁式）
热阻效应（热电阻、热敏电阻）	热电效应（热电偶）
磁阻效应（磁敏电阻）	电磁效应（磁电式）
内光电效应（光敏电阻）	光生伏特效应（光电池）
霍尔效应（霍尔元件）	热磁效应
电容（电容式）	热电磁效应
电感（电感式）	静电式

1.5 传感器的应用

1.5.1 传感器的应用领域

随着现代科技的高速发展及人们生活水平的迅速提高，传感器技术越来越受到重视，它的应用已渗透到国民经济的各个领域。

1. 工业生产的测量与控制

工业领域应用的传感器，如工艺控制、工业机械；测量各种工艺变量（如温度、液位、压力、流量等）；测量电子特性（电流、电压等）和物理量（运动、速度、负载及强度），以及传统的接近/定位传感器发展迅速。

2. 汽车电控系统

汽车的安全舒适、低污染、高燃率越来越受到社会重视，而传感器相当于汽车的感官和触角，只有它才能准确地采集汽车工作状态的信息，提高汽车的自动化程度。汽车传感器可以分布在发动机控制系统、底盘控制系统和车身控制系统。传感器作为汽车电控系统的关键部件，会直接影响汽车技术性能的发挥。

3. 现代医学领域

医学传感器作为拾取生命体征信息的五官，它的作用日益显著，并得到广泛应用。例如，在图像处理、临床化学检验、生命体征参数的监护监测、呼吸/神经/心血管疾病的诊断与治疗等方面，传感器的使用十分普及。传感器在现代医学仪器设备中已无所不在。

4. 环境监测

近年来环境污染问题日益严重，人们迫切希望拥有一种能对污染物进行连续、快速、在线监测的仪器，传感器可以满足人们的这个要求。目前，已有相当一部分生物型传感器应用于环境监测中，如大气环境监测，可大大简化传统的检测方法。

5. 军事方面

传感器技术在军用电子系统领域的运用促进了武器、作战指挥、控制、监视和通信方面的智能化。传感器在远方战场监视系统、防空系统、雷达系统、导弹系统等方面，都有广泛的应用，是提高军事战斗力的重要因素。

6. 通信电子产品

手机产量的大幅增长及手机功能的不断增加为传感器市场带来新的机遇与挑战，智能手机市场份额的不断上升也增加了传感器在该领域的应用比例。此外，应用于集团电话和无绳电话的超声波传感器、用于磁存储介质的磁场传感器等都出现了强势增长。

7. 家用电器

20世纪80年代以来，随着以微电子为中心的技术革命的兴起，家用电器向自动化、智能化、节能、无环境污染的方向发展。自动化和智能化的中心就是研制由微电脑和各种传感器组成的控制系统，如一台空调器采用微电脑控制配合传感器技术，可以实现压缩机的启动、停机、风扇摇头、风门调节、换气等，从而对温度、湿度和空气浊度进行控制。随着人们对家用电器方便、舒适、安全、节能要求的提高，传感器的应用将越来越广泛。

8. 学科研究

科学技术的不断发展孕生了许多新的学科领域，无论是宏观的宇宙，还是微观的粒子世界，要通过许多未知的现象和规律获取大量人类感官无法获得的信息来破解，没有相应的传感器是不可能完成相应工作的。

9. 智能建筑

智能建筑是未来建筑的一种必然趋势，它涵盖智能自动化、信息化、生态化等多方面的内容，具有微型集成化、高精度与数字化和智能化特征的智能传感器将在智能建筑中发挥重要的作用。

1.5.2 传感器的应用举例

1. 温度传感器

温度传感器是利用物体的物理特性获取温度变化信息的，采用的物理原理主要有：

- 随物体的热膨胀相对变化而引起的体积变化
- 蒸气压的温度变化
- 电极的温度变化
- 热电偶产生的电动势
- 光电效应
- 热电效应
- 介电常数、导磁率的温度变化
- 物质的变色、融解
- 强性振动温度变化
- 热放射
- 热噪声

其中最常见的是如下两种温度传感器。

1）热敏电阻温度传感器。热敏电阻利用半导体材料的电阻率随温度变化而变化的性质制成。在温度传感器中常用的有热电偶、热电阻（如铂、铜电阻温度计等）和热敏电阻。热敏电阻发展最为迅速，由于其性能不断改进，稳定性已大为提高。在许多场合下（−40 ～ +350℃），热敏电阻已逐渐取代传统的温度传感器。

2）IC 温度传感器。集成温度传感器利用 PN 结的电流、电压特性与温度的关系测温，一般测量温度 <150℃。集成温度传感器将热敏晶体管和外围电路、放大器、偏置电路及线性电路制作在同一芯片上。当发射极电流密度维持恒定比率时，晶体管对的基极—发射极间电压 V_{BE} 的差与温度呈线性关系。常见的 IC 温度传感器包括电压型 IC 温度传感器、电流型 IC 温度传感器、数字输出型 IC 温度传感器等。

2. 触摸屏

触摸屏是一种定位设备，是改善人与计算机的交互方式。当用户用手指或者其他设备触摸安装在计算机显示器前面的触摸屏时，所摸到的位置以坐标形式被触摸屏控制器检测到，通过串口或 USB 口送到 CPU，确定用户的输入信息。嵌入式系统中的触摸屏分为电阻式、电容式和电感式三种，其中电阻式和电容式触摸屏较为常用。

1）电阻技术触摸屏。电阻技术触摸屏是一种对外界完全隔离的工作环境，不怕灰尘、水汽和油污，可以用任何物体来触摸，适合工业控制领域及办公室内有限人的使用。如图 1-5 所示是四线电阻触摸屏的工作原理。

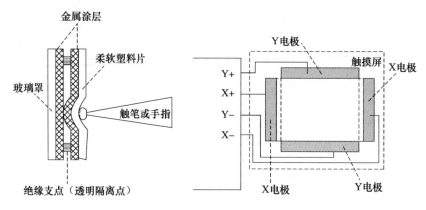

图 1-5　触摸屏工作原理

2）电容式触摸屏。电容式触摸屏是一块四层复合玻璃屏，玻璃屏的内表面和夹层各涂有一层 ITO，最外层是一薄层玻璃保护层，夹层 ITO 涂层作为工作面，四个角上引出四个电极，内层 ITO 为屏蔽层以保证良好的工作环境。

它利用人体电流感应进行工作。当手指触摸在金属层上时，由于人体电场，用户和触摸屏表面形成一个耦合电容，对于高频电流来说，电容是直接导体，手指从接触点吸走一个很小的电流。这个电流分别从触摸屏的四角上的电极中流出，流经这四个电极的电流与手指到四角的距离成正比，控制器通过对这四个电流比例的精确计算，得出触摸点位置。

电容触摸屏透光率和清晰度优于四线电阻屏，不过比五线电阻屏差。电容屏反光严重，它采用的四层复合触摸屏对各波长光的透光率不均匀，存在色彩失真，由于光线在各层间反射，造成图像字符模糊。

然而，因为电容触摸屏将人体当作电容的一个电极使用，当有导体靠近夹层 ITO，并在工作面之间耦合出足够量的电容时，流走的电流就能引起电容屏的误动作。由于电容值与相对面积成正比，较大面积的手掌或手持导体靠近电容屏而不是触摸时，易引起电容屏的误动作，环境潮湿时尤为严重。用戴手套的手或手持不导电的物体触摸时没有反应，这是因为增加了更为绝缘的介质。当环境温度、湿度改变、环境电场发生改变时，都会引起电容屏的漂移。

3. 智能应力传感器

智能应力传感器具有测量、程控放大、转换、处理、模拟量输出、打印、键盘监控以及通过串行口与上位微型计算机进行通信的功能。例如，可测量飞机机翼上各个关键部位的应力大小，并判断机翼的工作状态是否正常以及故障情况。图1-6所示为智能应力传感器的工作原理。

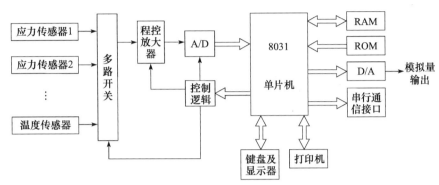

图1-6 智能应力传感器

图1-6中，共有6路应力传感器和2路温度传感器，其中每一路应力传感器由4个应变片构成的全桥电路和前级放大器组成，用于测量应力大小。温度传感器用于测量环境温度，对应力传感器进行误差修正。采用8031单片机作为数据处理和控制单元。多路开关根据单片机发出的命令轮流选通各个传感器通道，0通道为温度传感器通道，1~6通道分别为6个应力传感器通道。程控放大器在单片机的控制下分别选择不同的放大倍数对各路信号进行放大。

对智能应力传感器进行模块化和结构化设计，包括信息采集、数据处理、故障诊断等模块（见图1-7和图1-8）。主程序模块完成自检、初始化、通道选择等功能。信号采集模块完成各路信号放大、A/D转换及数据读取功能。数据处理模块完成数据滤波、非线性补偿、信号处理、误差修正及检索查表等功能。故障诊断模块对各应力传感器的信号进行分析，判断飞机机翼工作状态以及是否有损伤或故障存在。键盘输入及显示模块查询是否有键按下。若有键按下则反馈给主程序模块，主程序模块根据不同键代表的含义执行或调用相应的功能模块，并显示各路传感器的数据和工作状态（包括按键信息）。输出及打印模块控制模拟量输出以及控制打印机完成打印任务。通信模块主要控制RS-232串行通信接口和上位微机的通信。

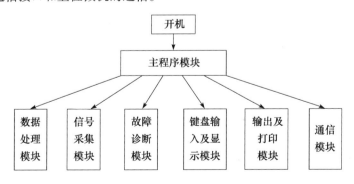

图1-7 智能应力传感器模块化设计

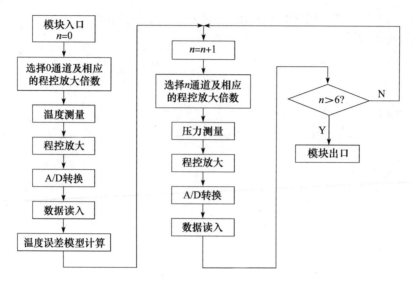

图 1-8　智能应力传感器模块化工作原理

习题 1

1. 简述传感器技术的特点及未来的发展趋势。
2. 试将传感器进行分类，并描述不同类型传感器的工作原理。
3. 试举例说明传感器的应用。

参考文献

［1］　孙素梅，陈洪耀，尹国盛. 光纤传感器的基本原理及在医学上的应用［J］. 中国医学物理学杂志：2008，09.

［2］　张书玉，张维连，张生才，等. 高温压力传感器的研究现状［J］. 传感技术学报，2006，19（4）.

［3］　王俊峰，孟令启. 现代传感器应用技术［M］. 北京：机械工业出版社，2007.

［4］　杨清梅，孙建民. 传感器与测试技术［M］. 哈尔滨：哈尔滨工程大学出版社，2005.

［5］　孙心若. 传感器基本电路实验［M］. 北京：北京师范大学出版社，2007.

［6］　张宏润. 传感器技术大全［M］. 北京：北京航空航天大学出版社，2007.

［7］　金发庆. 传感器技术与应用［M］. 北京：机械工业出版社，2006.

［8］　高晓蓉. 传感器技术［M］. 成都：西南交通大学出版社，2003.

［9］　吴桂秀. 传感器应用制作入门［M］. 杭州：浙江科学技术出版社，2003.

［10］　成圣林，侯成晶. 图解传感器技术及应用电路［M］. 北京：中国电力出版社，2009.

［11］　王亚峰，何晓辉. 新型传感器技术及应用［M］. 北京：中国计量出版社，2009.

第2章 无线传感器及无线传感器网络

传感器信息获取技术逐步向集成化、微型化和网络化方向发展，并将会带来一场信息革命。无线传感器网络（Wireless Sensor Network）综合了微电子技术、嵌入式计算技术、现代网络及无线通信技术、分布式信息处理技术等先进技术，能够协同地实时监测、感知和采集网络覆盖区域中各种环境或监测对象的信息，并对其进行处理，处理后的信息通过无线方式发送，并以自组多跳的网络方式传送给观察者。

早在20世纪70年代，就出现了将传统传感器采用点对点传输、连接传感控制器而构成的传感器网络雏形，我们将其归为第一代传感器网络。随着相关学科的不断发展和进步，传感器网络同时还具有了获取多种信息信号的综合处理能力，并通过与传感控制器的相联，组成了具备信息综合和处理能力的传感器网络，这是第二代传感器网络。而从20世纪末开始，现场总线技术开始应用于传感器网络，人们用其组建智能化传感器网络，大量多功能传感器被运用，并使用无线技术连接，无线传感器网络逐渐形成。无线传感器网络是新一代的传感器网络，具有非常广泛的应用前景，其发展和应用将会给人类的生活和生产的各个领域带来深远影响。

当多个无线传感器用于组建无线传感器网络时，我们通常称每个无线传感器为一个无线传感器节点。无线传感器节点是无线传感器网络的基本构成单位，由其组成的硬件平台和具体的应用需求密切相关，因此节点的设计将直接影响整个网络的性能。

2.1 无线传感器节点的硬件组成

无线传感器的设计以省电、价格低廉、体积小且具有感知环境的能力为目标，传感器本身就像是一台小型计算机，并配

备了简单的感知、运算处理、无线传输等装置，而感知装置可以针对环境中我们所感兴趣的事物（如温度、声音、光源等）进行侦测，并将收集的数据先做简单的运算处理，再通过无线传输装置将数据回传给汇聚节点，最后，根据汇聚节点收集的资料，即可了解环境的状态，并开发出相应的控制命令。

在无线传感器网络中，节点可以通过飞机随机布撒、人工定向布置等方式，大量部署在感知对象内部或者附近。这些节点以自组织的方式通过协议构成无线网络。无线传感器节点的处理能力、存储能力和通信能力相对较弱，通过携带能量有限的电池供电。从网络功能上看，每个传感器节点兼顾传统网络节点的终端和路由器双重功能，除了进行本地信息收集和数据处理外，还要对其他节点转发来的数据进行存储、管理和融合等处理，同时与其他节点协作完成一些特定任务。无线传感器节点的硬件一般由四个模块组成（见图 2-1）。其中，数据采集模块（传感器模块）负责监测区域内信息的采集和数据转换；数据处理模块（处理器模块）负责控制整个传感器节点的操作，存储和处理本身采集的数据以及其他节点发来的数据；数据传输模块（无线射频模块）负责与其他传感器节点进行无线通信、交换控制消息和收发采集数据；电池及电源管理模块为传感器节点提供运行所需的能量。

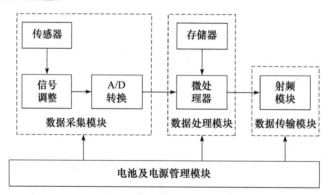

图 2-1 无线传感器的硬件组成

汇聚节点的处理能力、存储能力和通信能力相对较强，它连接无线传感器网络与互联网等外部网络，实现两种协议栈之间的通信协议转换，同时发布管理节点的监测任务，并将收集的数据转发到外部网络上。汇聚节点既可以是一个具有增强功能的传感器节点，有足够的能量供给和更多的内存与计算资源，也可以是没有监测功能，而仅带有无线通信接口的特殊网关设备。

2.2 无线传感器节点的能耗控制

2.2.1 无线传感器节点能耗控制的原理

无线自组网、蜂窝、蓝牙等无线网络的首要设计目标是提供高性能的服务质量，由于移动节点可以不断地获得电能补充，所以节点的能量考虑放在次要位置。而数目巨大、分布范围广的传感器节点采用电池供电，工作环境通常比较恶劣，更换电池比较困难，往往无法及时补充能量，存在严重的能量约束。高效使用节点的能量，节省电源、最大化网络生命周期和完成低功耗设计是传感器网络设计的关键。

无线传感器网络的能量管理主要包括传感器节点的电源管理和有效的节能通信协议设计。在一个典型的传感器节点的结构中，与电源单元发生关联的模块有传感器模块、处理器模块和无线通信模块，每个模块都存在电源能量消耗。

1. 处理器单元

处理器单元包括微处理器和存储器，用于数据存储与预处理。节点的处理能耗与节点的硬件设计、计算模式紧密相关。目前对能量管理的设计都是在应用低能耗器件的基础上，在操作系统中使用能量感知的方式进一步减少能耗，以延长节点的工作寿命。

2. 无线传输单元

无线传输单元用于节点间的数据通信，它是节点中能耗最大的部件。因此，无线传输单元的节能通常是设计的重点。传感器网络的通信能耗与无线收发器以及各个协议层紧密相关，它的能量管理体现在无线收发器设计和网络协议设计的每一个环节。

3. 传感器单元

能耗与应用特征相关，在应用允许的范围内，可通过适当地延长采样周期，降低采样精度的方法来降低能耗。传感器单元的能耗要比处理器和无线传输单元的能耗低得多，几乎可以忽略不计。

另一方面，传感器节点工作时，传感器网络能量消耗的因素有很多，主要有以下几种。

（1）功率和跳数

当WSN（Wireless Sensor Network，无线传感器网络）的两个节点需要通信时，可以采用大功率直接传送，也可以采用小功率多跳传送。对于通信的每个链路，当给定接收门限Pt时，满足一个成功接收的发射功率Pt应为

$$Pt(d) = Ptd^n/K$$

式中，K为常数，d为两节点间距离，n为路径衰落指数。随着距离的减少，能量消耗快速减少，其中n决定了功率的消耗速度。从这个公式可知，功率的递减与距离呈$O(n)$的关系。通过多跳转发分组时，由于每跳通信距离缩短，与用传统的最小跳最大功率传送相比，其耗能明显减少。在这种情况下，接收端和发送端的节点都可以使用比两者直接通信小得多的功率进行通信，因此大大节约了电池能量的消耗。

（2）控制负荷

无线传感器网络中节点的计算能力有限，因而要求低功耗设计，需要更好的节约能量的办法。节点通信能耗主要体现在冲突、串扰、包开销和空闲侦听方面，冲突导致重传，串扰降低信噪比，空闲侦听导致无端能量耗费。

（3）网络协议

无线传感器网络中的协议的影响很大，主要分为 MAC 层协议和路由协议。其中路由协议对能耗的影响主要体现在路由机制、路径选择和路由度量的影响。

2.2.2 无线传感器节点能耗控制的方法

1. 处理模块节能策略

在应用低能耗组件的同时，将能量感知方式管理加入操作系统的系统资源管理中，能更进一步减少能耗，增加电池寿命。

常见的是动态能量管理（Dynamic Power Management，DPM）和动态电压调节（Dynamic Voltage Scaling，DVS）。其核心都是状态转换策略，DPM 是当周围无兴趣点时即关闭部分空闲状态的节点，以达到提高节点生存时间的目的。对于 DVS，它是微处理器的工作电压和频率随着计算负载的变化而动态调整的，使得在负载较低的情况下电压和频率处于低状态。如果同时使用 DPM 和 DVS，将会大大降低微处理器的能耗，从而延长节点的生存期。

2. 通信模块节能策略

在传感器节点上，通信模块消耗能量的比例是最大的。通信模块节能策略的实现与网络协议的设计密切相关，下面分别从节能策略和网络协议两个方面研究通信模块的节能。

（1）节能策略

通信模块的节能策略和方法主要包括：减少通信流量、使用多跳短距离无线通信方式、增加休眠时间，以及选择适当的调制机制等。

目前主要的减少通信流量的具体方法是本地计算和数据融合（即网内数据处理），通过对数据进行融合处理来降低同区域节点所采集信息的冗余度，从而达到减少通信流量的目的。

减少冲突主要是采取一定的机制，避免同时发送的两帧因冲突而导致的重传，从而避免造成的能量浪费；还可以采取一定的校正机制，避免错误重传的次数。

除此而外，节能策略还包括尽量减少包开销（即包头长度），因为包头是传输代价，非用户数据，因此应尽量简化。

（2）传感器网络协议

目前传感器网络协议主要分为两部分：基于 MAC 层协议和基于路由协议。

MAC 协议负责无线信道的使用控制，减少邻居节点广播引起的冲突。在传感器网络中，与服务质量相比，MAC 协议更关心能量的高效性。因此，根据先前策略，在 MAC 协议的设计时，应考虑以下几个方面：①减少冲突碰撞；②建立长效机制；③尽量避免冲突；④减少重传次数。同时，建立有效的侦听和休眠机制，对发送的包及时监听，避免无效监听，对闲置节点进行状态转换并使其转换到休眠状态，也能够有效地避免一些不必要的无用侦听。MAC 需要节点交换信息来控制信息的能耗，在设计上应尽量减少不必要的节点交换。

在设计路由协议时，应考虑两个问题：均匀使用节点能量和数据融合。从整个网络来看，应平衡使用各个节点的能量消耗，否则某些节点过早地耗尽能量会导致缺少某些区域的信息或者网络瘫痪。另外，路由过程的中间节点并不是简单地转发所收到的数据，由于同一区域内的节点发送的数据具有很大的冗余性，中间节点需要对这些数据进行数据融合，只转发有用的信息。

2.3   无线传感器操作系统 TinyOS

TinyOS 是 UC Berkeley（加州大学伯克利分校）开发的开放源代码操作系统，专为嵌入式无线传感网络设计，其基于构件（component-based）的架构使得快速地更新成为可能，而这个特点又能大大减小操作系统代码长度，非常适合传感器网络存储器受限的特性。TinyOS 已被应用于多个平台和感应板中。

2.3.1   TinyOS 的特点和体系结构

TinyOS 采用了组件或构件（component）的结构，它是一个基于事件的系统。其设计的主要目标是代码量小、耗能少、并发性高、鲁棒性好，可以适应不同的应用。完整的系统由一个调度器和一些组件组成，应用程序与组件一起编译成系统。组件由下到上可分为硬件抽象组件、综合硬件组件和高层软件组件，高层组件向底层组件发出命令，底层组件向高层组件报告事件。调度程序具有两层结构，第一层维护着命令和事件，它主要是在硬件中断发生时对组件的状态进行处理；第二层维护着任务（负责各种计算），只有当组件状态维护工作完成后，任务才能被调度。TinyOS 的组件层次结构就如同一个网络协议栈，底层的组件负责接收和发送最原始的数据位，而高层的组件对这些位数据进行编码、解码，更高层的组件则负责数据打包、路由和传输数据。TinyOS 的体系结构如图 2-2 所示。

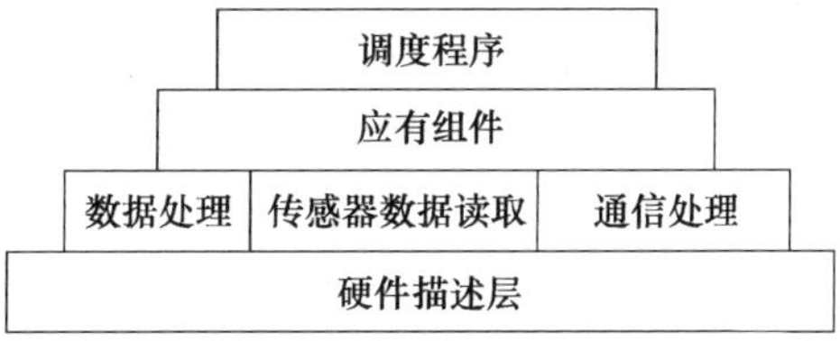

图 2-2   TinyOS 的体系结构

2.3.2   TinyOS 的编程语言 nesC

TinyOS 系统最初是用汇编语言和 C 语言编程实现的。由于 C 语言的目标代码比较长，不能有效、方便地满足面向传感器网络的应用开发，经进一步研究设计出了新型编程语言——nesC，其最大的特点是将组件化/模块化思想和基于事件驱动的执行模型相结合。现在，TinyOS 操作系统和基于 TinyOS 的应用程序均为 nesC 语言编写的，大大提高了应用开发的方便性和应用执行的可靠性。

nesC 组件有两种：模块（module）和连接配置文件（configuration）。在模块中主要实现代码的编制，它可以使用和提供接口（interface），在它的实现部分必须对提供接口里的命令（command）和使用接口里的事件（event）进行实现。在连接配置文件中，主要是将各个组件和模块连接起来成为一个整体，它也可以提供和使用接口。

nesC 在接口里可以声明 command 和 event。接口有无参数和带参数两种。带参数的接口可以提供多个此接口的实例，每一个实例都由唯一的 ID 标定，从而可以提供一种"fan-out"式的使用；且它的 command 和 event 在组件中使用时也必须带上这个参数。

2.3.3　TinyOS 传感器应用程序示例

现以节点收发计数器中的数值为例，来详细地说明网络协议是如何来通过主动消息传递实现的。程序要求节点启动后，计数器开始计数，每秒向外广播自己的计数值，同时接收其他节点上计数器的值。

1. main 组件

TinyOS 应用程序从 main 组件开始，完成 main 组件的 StdControl 接口 init()、start() 和 stop() 命令的具体实现。StdControl 接口中命令执行次序可用 init*(start|stop)*。在应用程序执行前执行 init() 命令完成必要的初始化工作，start 是这个程序要完成的工作，stop 是系统关闭前所要执行的动作。StdControl 接口是 TinyOS 应用程序标准接口，与硬件操作相关的其他组件必须用到此接口，实现接口中的命令。

2. 使用的接口

StdControl 接口完成应用程序启动及相关硬件初始化的代码如下：

```
interface StdControl {
    command result_t init () ;
    command result_t start () ;
    command result_t stop () ;
}
```

Timer 接口实现计数功能的代码如下：

```
interface Timer {
    command result_t start (char type , uint32_t interval) ;    // 设定触发类型和计数值
    command result_t stop ();                                    // 中止计数器
    event result_t fired () ;                                    // 计数器定时触发事件
}
```

SendMsg 接口发送消息的代码如下：

```
interface SendMsg {
    command result_t send(uint16_t address , uint8_t length , TOS_MsgPt r msg) ;
                                                                 // 发送消息
    event result_t sendDone ( TOS_MsgPtr msg , result_t success) ;
                                                                 // 消息发送完成以后事件
}
```

ReceiveMsg 接口接收消息的代码如下：

```
interface ReceiveMsg {
    event TOS_MsgPt r receive ( TOS_MsgPt r m ) ;              // 接收到消息事件
}
```

3. 使用的组件

组件 Main、MyApps、TimerC 、GenericComm as Comm 实现逻辑功能。Main 是系统必需的。MyApps 提供接口的命令并实现对调用接口事件的响应。GenericComm 完成消息的发送和对接收消息的通告。

其配置文件如下：

```
Main. StdControl -> test5M. StdControl ;
Main. StdControl -> TimerC. StdControl ;
test5M. Timer -> TimerC. Timer [ unique ( " Timer " ) ] ;
test5M. SubControl -> Comm;
test5M. Send -> Comm. SendMsg ;
test5M. Receive -> Comm. ReceiveMsg ;
```

4. MyApps 模块文件

MyApps 模块接口如下：

```
module MyApps {
    provides {
        interface StdControl ;
    }
    uses {
        interface Timer ;
        interface SendMsg as Send[ uint8_t id ] ;              // 发送消息接口
        interface ReceiveMsg as Receive[ uint8_t id] ;          // 接收消息
        interface StdControl as SubControl ;                    // 子组件:完成发送初始化
    }
}
```

provides 声明这个组件所实现接口中命令和通告相关事件的产生。需要实现 StdControl 接口中 init( )、start( ) 和 stop( ) 命令。

uses 声明这个组件调用接口中的命令并对接口中的事件进行响应。所需要响应的事件为 Timer 接口的 fired 事件、SendMsg 接口的 sendDone 事件和 ReceiveMsg 接口的 receive 事件。

5. 通信实现

MyApps 发送和接收消息是通过组件 GenericComm 来实现的。

GenericComm 提供了 256 个消息收发接口，也就是说系统可以使用 256 种消息，或者说 256 种状态进行转换。由于系统是非阻塞模式，一旦消息到达组件 MyApps 中，receive 事件就会立刻调用，并在此事件中实现不同消息的转换，从而实现通信双方的握手：

```
event TOS_MsgPt r Receive. receive[ uint8 _ t id ] ( TOS_MsgPt rm) {
switch (id) {
        case 1 :  // 状态转换 1
        case 2 :  // 状态转换 2
```

```
    ...
    }
return m ;
}
```

2.4 无线传感器数据库 TinyDB

2.4.1 TinyDB 的原理及组成

无线传感器网络应用是由数据驱动的，但获取和管理传感器网络的数据对一般用户而言存在很大的困难。首先，作为一种嵌入式设备，各个节点的能量和处理能力都很有限，节点易失效，在应用中需要使用能量有效的数据处理算法；其次，无线传感器网络的应用是一种分布式应用，网络拓扑和环境容易发生变化，数据源分散，要求一般用户来解决这些问题是不现实的。因此，研究人员提出，将无线传感器网络构建为一个虚拟的数据库，在操作系统之上使用数据服务层对数据管理实现各种优化，用户和应用程序通过数据库接口查询需要的数据，而不用关心数据源的变化。无线传感器网络数据库不能被简单地视为一个在能量受限条件下工作的普通查询处理系统，它不仅需要采用能量高效的数据处理手段，包括减少通信、在传感器网络上实现过滤/聚合/分组操作，而且需要对查询执行的全部过程，包括查询优化、查询发布、查询执行进行细致地调度，要考虑采样的代价和执行次序、频率等问题。

TinyDB 是一个无线传感器网络数据库的原型系统，由美国加州大学伯克利分校的研究人员开发。它将整个无线传感器网络视为一个虚拟的数据库系统，支持类 SQL 查询。传感器网络上的所有数据类型，包括各种类型传感器数据、静态的数据都在关系表中用一个字段表示，目前系统的关系表只有一个 Sensors 表。在实现上，它由两部分组成，一部分作为数据库前端，接收普通的查询和控制命令，以及基于事件的查询和由 TinyDB 根据传感器网络的能量自动调整执行周期的查询；另一部分是运行在节点上的嵌入式数据库引擎，具体负责传感器网络中的数据管理和多个查询的同时执行等。TinyDB 是传统的数据库技术在无线传感器网络研究中的新应用，面临许多新的挑战。

从应用结构上来分，TinyDB 可分为 PC 端和 Mote 端。

（1）PC 端

在 PC 端，TinyDB 提供了一个简单的构建查询的图形界面和结果显示界面。通过 Java API 可以制定简单的、类 SQL 接口，让用户可以使用一个类似于传统数据库查询的 TinyDB 查询，这个查询可以指定用户感兴趣的数据，同时查询还可以附加各类参数，如查询数据更新的频率、查询的范围等。

（2）Mote 端

在传感器网络中的每个节点上（Mote 端）都安装有 TinyDB 组件，用以从传感器网络节点上收集数据、过滤数据、聚集数据，然后将得到的结果数据路由到接入点后，在 PC

端再将结果数据存储到一个 TinyDB 的 PostgreSQL 数据库。

从软件结构上来看，TinyDB 可分为两部分：基于 Java 的客户端接口和传感器网络软件，如图 2-3 所示。

（1）基于 Java 的客户端接口

TinyDB 客户端软件由两部分组成：第一部分是类似于 SOL 语言的查询语言 TinySQL，是供终端用户使用的。它屏蔽了无线传感器网络的细节，通过作为应用接口的数据库前端，用户看到的是一个数据库系统，故只需要使用类 SOL 进行数据查询检索即可。第二部分是基于 Java 的应用程序界面，主要使用 TinyDB 编写应用程序并查看查询结果，主要包括以下的类和接口说明：

1）网络接口类。发出查询和监听结果——负责观察者与网络之间的交互操作，包括新的查询发布（sendQuery）、查询取消（abortQuery），以及为多个查询提供监听结果（listeners）等。

图 2-3   TinyDB 系统框架

2）构建和传送查询的类。包括聚焦操作符和谓词选择操作符，其目的在于尽量减少网内的数据传送量，包括 AggOp 提供用于聚集操作符 SUM、MIN、MAX 和 AVG 的代码；SelOp 提供选择谓词的逻辑。

另外，还包括接受和解析查询结果的类，提取属性信息和设备性能信息的类，以及构建查询和结果动态显示的 GUI——图形方式、文本方式等。

（2）传感器网络软件

传感器网络软件是 TinyDB 的核心部分，运行在传感器网络中的每个节点上，主要由四个构件组成。

1）传感器目录和模式管理器。目录管理器记录每个节点的数据属性集或采集的数据类型（如光、声音、电压等），以及每个传感器的自身属性（如该节点的 ID 和父节点信息等）；模式（schema）管理器将传感器网络虚拟化为一个数据库表，模式是对传感器表的描述。

2）查询处理器。它是 TinyDB 的核心构件，负责各种查询命令的处理工作；查询处理器首先利用目录存储的信息获取节点的本地属性值，并接收邻居节点的感知数据，聚集并过滤冗余的数据，再将这些结果值输出到父节点。

3）内存管理器。存储管理器由 MemAlloc.allocComplete() 和 MemAlloc.compactComplete() 来触发相应的事件。

4）网络拓扑管理器。网络拓扑管理器用来管理传感器网络的拓扑结构，它管理网络中节点的连接，能通过网络有效地路由数据和查询的子结果。

TinyDB 的体系结构如图 2-4 所示，它将传感器网络上的所有数据组织在一个无限长度的关系表 sensors 中。在数据库前端，应用程序提交了数据查询请求，使用的查询语言与标准 SQL 语言类似，称之为类 SQL，这一过程与操作数据库一样；然后数据库前端将查询请求发布到无线传感器网络的每一个节点上，各节点执行查询请求，产生相应的结果，在查询要求的每个周期内都向数据库前端返回一次结果，数据库前端负责将数据分派给应用程序。

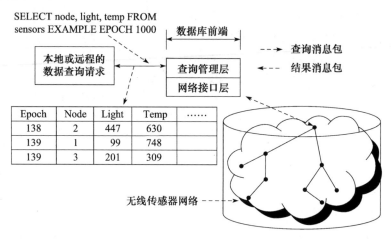

图 2-4　TinyDB 的体系结构

2.4.2　TinyDB 的特征

TinyDB 属于半分布式结构，有如下特征。

1. 提供元数据管理

TinyDB 提供了丰富的元数据以及相应的管理和操作命令。TinyDB 具有一个元数据目录，描述传感器网络的属性，包括节点 ID、节点深度、节点温度、节点光强度等。

2. 支持说明性语言

TinyDB 提供类 SQL 语言，用户可以用其描述想要获取数据的查询请求，而不需指明如何获得这些数据。用户只需要考虑自己所需查询的逻辑关系，节点端获取数据并且在数据发生变化时还可以有效地运行。

3. 可以同时支持多个查询

TinyDB 支持在同一个节点上同时进行多个查询请求。这几个查询可以具有不同的采样率、不同的感知属性。TinyDB 还可以在多个查询中进行共享，提高查询处理的速度和效率，节省查询的时间，减少节点的能耗。

4. 可扩展性强

无线传感器网络的节点寿命是有限的，当有节点失效时，需要增加新的节点，或者要扩大网络规模时，只需要将标准的 TinyDB 应用安装到新加入的节点上，该节点就可以自动加入系统中。

2.4.3　使用 TinyDB 进行数据处理

1. 数据存储

TinyDB 将每个节点的数据组织为一个小型数据存储库，它们可以源源不断地产生信息，TinyDB 是采用以数据为中心的语义路由树（Semantic Routing Tree，SRT）结构来存储数据的。TinyDB 系统中数据库引擎根据属性名字从中获取数据。在传感器网络数据库中，仅对静态数据可直接保存真实结果，无法保存大部分的流数据。为了解决这个问题，在节点中构建了一个属性管理模块 ATTR，它与各种传感器模块、网络模块、内存模块以及其他模块通过公共的接口组合在一起。ATTR 模块内注册了所有属性模块的信息，包括名称、类型、是否常量、句柄函数等，这样使每个节点的数据组织形式一致，通过数据管理模块对数据库引擎屏蔽数据获取细节。

语义路由树（SRT）是根据节点的结构组成的。从根节点开始，将传感器网络所有节点的网络拓扑组织为 SRT 结构。为了建立这样的树状拓扑，将担任无线传感器网络网关的节点（这样的节点是指网络基站或者同用户端相连的节点）作为树的根节点，它的网络深度设置为 0，然后将其网络深度在无线网络上广播，其他的节点在收到这样的报文后，选择网络深度最小且通信质量最好的节点作为自己唯一的父节点，并将自身的网络深度在父节点的基础上递增，然后继续广播自己的网络深度，经过一段时间之后，就形成了语义路由树。

2. 数据查询

TinyDB 系统的数据模型是对传统的关系模型的简单扩展，它将整个传感器网络看作一个单一的、无限长的、虚拟的逻辑关系表。具体包括两类属性：

1）传感器网络感知数据属性，如光强值、温度值、湿度值等；

2）描述传感器特性的属性，如传感器节点的 ID、节点的父节点 Parent、感知数据的获得时间、感知数据的类型、感知数据的度量单位等。

属性目录中的每个属性在表中都有一列与之对应，而每个传感器节点产生的数据都作为一行存放在 sensors 表中，但可能有些传感器节点并不包含所有的属性，则在表中对其附以一个 NULL 值。

TinyDB 的查询方式指定传感器在何时、何地、以什么样的频率采集数据。TinyDB 采用的查询语言是 TinySQL。TinySQL 是一种类似于 SQL 的语法，主要由"SELECT-FROM-WHERE-GROUP BY"子句构成，它支持传统数据库的选择、连接、投影和聚集操作。SELECT、FROM、WHERE 和 GROUPBY 子句的语义与 SQL 中的相同。例如：

```
SELECT nodeid, light, temp
FROM sensors
SAMPLE PERIOD 1s FOR 10s
```

如上查询规定，每个节点每秒必须报告它自身的 ID 值、光强和温度值（这些数据值存储在虚拟的 sensors 表中），查询的持续时间是 10 秒，其中 SAMPLE PERIOD 子句规定了传感器节点采集数据的时间间隔（epoch），FOR 子句规定查询持续的时间。

TinyDB 的查询类型具有多样性，具体有聚集查询、基于事件的查询、基于生存期的查询、监控查询、网络健康查询、探测查询、动作查询等。例如：

```
SELECT nodeid, voltage
WHERE voltage < k
FROM sensors
SAMPLE PERIOD 10 minutes
```

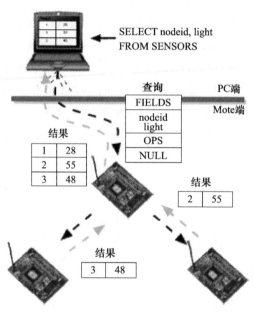

图 2-5 查询及相应结果在网络中的传输过程

如上查询用来报告当前电池电压值低于 k 的所有节点。

在查询过程中，所有查询路由上的节点协同执行部分或者全部的聚集操作，最后将聚集结果传送到客户端，而并非在客户端集中执行聚集操作（见图 2-5）。具体处理流程如下：

1）用户利用查询构建界面向网络提交查询请求；

2）基站对查询进行解析、优化等操作；

3）基站将查询传播到传感器网络；

4）查询结果反向沿着路由树上传到根节点；

5）根节点将结果提交给用户或应用程序。

整个查询操作的目标是优化网络的总能量消耗，具体包括节点数据处理消耗、网络传输的消耗以及传感器采样消耗等。

查询的优化技术包括两类：第一类是采样和谓词操作的优化排序，因为采样时的消耗能量很大，而且对不同种类的数据采样消耗的能量并不相同，因此，在查询中应当尽量减少对高耗能数据的采样频率；第二类是基于事件查询的节能优化技术，在同一时刻可能有多个基于同一事件的查询实例，而根据基于事件查询的定义，每一查询都执行相同的采样操作并传送相同结果，这就会造成大量的能量浪费。

另外，限制查询传播的范围可以有效地节省网络整体的能量。那么如何判断某个节点或它的子节点是否需要参与某个查询呢？首先，可以对常量属性值进行查询，例如节点位置固定的网络中的 nodeid 或 location 等；其次，可以利用语义路由树 SRT 对某个属性 A 的节点索引；另外，对父节点的选择除了链接质量外，还应该考虑到一些语义特性，包括随机选择、最相似选择、聚类选择等。

查询处理技术是 TinyDB 的核心，可用于各种查询命令的处理工作，主要操作包括：

节点唤醒、传感器采样、本地数据处理、接受邻居数据、结果转发给父节点等。基于节点在路由树中的位置，每个节点分别赋予一个固定的时间片，并以逆序方法编号。节点在大部分的时间都处于休眠状态，只在相应的时间片里工作，以减少能量消耗。

2.5 无线传感器实例——Mica 系列

Mica 系列节点是加州大学伯克利分校研制用于传感器网络研究的低功耗无线传感器节点。Mica 系列节点包括 WeC、Renee、Mica、Mica2、Mica2dot、Spec 等。其中，Mica2 和 Micadot 节点已经由 Crossbow 公司（专业从事无线传感器产业的公司）包装生产。

2.5.1 Mica

Mica 的处理器芯片采用 Atmel 公司的 AVR 系列（TI 公司的 MSP430 也是不错的选择），无线电收发模块采用 TR1000 或 CC10000，外加相应传感器接口，如图 2-6 所示。节点间通过无线电方式进行通信，协作完成指定任务，节点自身通过 ADC 通道来感知外界数据。

Mica 节点上可感知多个不同物理量：光强度、温度、地磁强度等。www.tinyos.net 网站上提供了其实现的硬件布线图，前文介绍的操作系统 TinyOS 和编程语言 nesC 便应用于这个平台，同时国内外很多大学和机构利用这一平台进行相关问题的研究。无线传感器网络在充分利用现代传感器技术优势的基础上，将其进一步网络化，使传感器技术的应用更加深入、广泛！

图 2-6 Mica 节点

2.5.2 Mica2

Mica2 Mote 是第三代 Mote 模块，用于低功耗无线传感器网络。Mica2 是在原有 Mica 系列基础上进行开发的，以下几个特性显示 Mica2 特别适于商业化发展：①868/916MHz、433MHz 或 315MHz 多通道发射器，范围可扩展；②TinyOS（TOS）分布式软件操作系统 v1.0，改进了网络协议栈和调试环境；③支持无线远程重编程；④种类繁多的传感器板和数据采集附加板；⑤兼容 Mica2Dot。

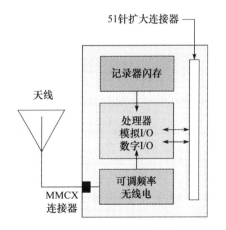

图 2-7 MPR400CB 框图

Mica2 采用的硬件平台为 MPR400CB（见图 2-7）。MPR400CB 采用了 Atmel 的 Atmega128L 微控制器。ATmega128L 是低功耗微控制器，从内部闪存运行 TinyOS。运行 TinyOS，一块单

处理器板（MPR400CB）即可同时运行传感器应用/处理和网络/射频通信协议栈。Mica2 51 针扩展接口支持模拟输入、数字 I/O、I^2C、SPI 和 UART 接口，这些接口使其易于与多种外围设备连接。

Crossbow 为 Mica2 提供范围广泛的传感器和数据采集板。所有这些采集板均可通过 51 针扩展接口连接 Mica2，也可定制传感器和数据采集板。任何 Mica2 Mote 连接至一个标准 PC 接口或网关均可作为基站使用。MIB510CA/MIB520CA 提供串行/USB 接口，用于编程和数据通信。Crossbow 还提供一个独立网关——MIB600CA，用于 TCP/IP 以太网。

2.5.3 Micaz

Micaz Mote 是 2.4GHz Mote 模块，用于低功耗无线传感器网络。Micaz 特性包括：①IEEE 802.15.4 兼容射频收发器；②2.4～2.48GHz 全球兼容 ISM 频段；③直接序列扩频无线电，抗射频的无线电干扰，并提供固有的数据安全性；④250 kbit/s 的数据传输率；⑤由 MoteWorks 的无线传感器网络平台支持，提供可靠的无线网络自组；使用 Crossbow 的传感器板、数据获取板、网关和软件。

MoteWorks 可以开发定制的传感器应用，专门针对低功耗、电池供电网络进行了优化。MoteWorks 基于开源 TinyOS 操作系统，提供可靠的点对点（Ad hoc）/网状网络、交叉开发工具、服务器中间件，为企业的网络整合提供用户接口，便于进行分析和配置。

Mica2 采用的硬件平台是 MPR2400（见图 2-8）。MPR2400 是采用 Atmel 的 Atmega128L 微处理器。ATmega128L 是低功耗微控制器，从内部闪存运行 MoteWorks。一块单处理器板（MPR2400）可同时运行传感器应用/处理和网络/射频通信协议栈。Mica2 51针扩展接口支持模拟输入、数字 I/O、I^2C、SPI 和 UART 接口。这些接口使其易于与多种外围设备连接。Micaz（MPR2400）IEEE 802.15.4 射频提供良好速率（250kbit/s）和硬件安全（AES-128）。

Crossbow 为 Micaz 提供范围广泛的传感器和数据采集板。所有这些板均可通过 51 针扩展接口连接 Micaz，也可定制传感器和数据采集板。任何 Milcaz Mote 连接至一个标准 PC 接口或网关均可作为基站使用。MIB510/MIB520 提供串行/USB 接口，用于编程和数据通信。Crossbow 还提供一个独立网关——MIB600CA，用于 TCP/IP 以太网。

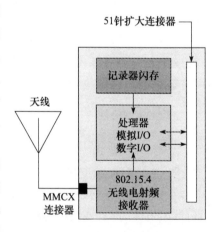

图 2-8 MPR2400 框图

2.6 无线传感器网络

2.6.1 无线传感器网络的原理、组成及应用

现代硬件和无线通信技术的进步，构造出了低成本、低能量但多功能的传感器，也

衍生出了无线传感器网络（Wireless Sensor Network，WSN）。WSN 是多学科高度交叉的前沿研究课题，它综合了传感器、嵌入式计算、网络及通信、分布式信息处理等技术。WSN 的构想最初是由美国军方提出的，美国国防部高级研究所计划署（DARPA）于 1978 年开始资助卡耐基·梅隆大学进行分布式传感器网络的研究，这被看成是无线传感器网络的雏形。从此以后，类似的项目在全美高校间广泛展开，包括加州大学伯克利分校的 Smart Dust 项目、加利福尼亚大学洛杉矶分校（UCLA）的 WINS 项目、多所机构联合攻关的 SensIT 计划，等等。美国商业周刊和 MIT 技术评论在预测未来技术发展的报告中，分别将无线传感器网络列为 21 世纪最具影响力的 21 项技术和改变世界的十大技术之一，传感器网络又被称为全球未来的三大高科技产业之一，将会对人类未来的生活方式产生深远的影响。

无线传感器网络系统通常包括传感器（sensor）节点和汇聚（sink）节点。节点可探测包括地震、电磁、温度、湿度、噪声、光强度、压力、土壤成分、移动物体的大小/速度/方向等在内的多种指标。节点对外界的感知可以是周期的、连续的或者时有时无的。比如监测环境参数（包括温度、湿度、辐射等）、检测边界线、检测湿度或压力不得超过某个阈值等。

这些微型无线传感器节点的个数可以是成千上万的，它们随机或者以特定的方式布置在目标环境中，通过某种方法自组织起来，以相互协作的方式感知和采集网络覆盖的地理区域中感知对象的信息。之后，这些感知监测的数据经过其他传感器节点逐跳地进行转发和传输，在传输过程中，监测数据可能被多个节点处理，经过多跳后路由到汇聚节点。最后通过互联网或卫星到达管理节点。用户通过管理节点对传感器网络进行配置和管理，发布监测任务以及收集监测数据。

2.6.2 无线传感器网络的特点

无线传感器网络与现有的无线网络有相似之处，但是也存在着很大的差别。它的特点主要有以下几点。

1. 传感器节点的特性

(1) 体积小，能量有限

无线传感器网络是在微电机系统技术、数字电路技术基础上发展起来的。传感器节点各部分集成度很高，因此具有体积小的优点。传感器节点消耗能量的模块包括传感器模块、处理器模块和无线通信模块。随着集成电路工艺的进步，处理器和传感器模块的功耗都很低。无线通信模块存在发送、接收、空闲和睡眠四种状态。无线通信模块在空闲状态一直监听无线信道的使用情况，检查是否有数据发送给自己，而在睡眠状态则关闭通信模块。因而，无线通信模块在发送状态的能量消耗最大，在空闲状态和接收状态的能量消耗接近，略少于发送状态的能量消耗，在睡眠状态的能量消耗最少。因此，需要在网络层、数据链路层和物理层等通过能量高效（或节约能量，Energy-efficient）的方法来保证网络的运行，例如减少不必要的转发和接收、使传感器进入睡眠状态等。

（2）计算和存储能力有限

由于无线传感器网络应用的特殊性，要求传感器节点的价格低、功耗小，必然导致其携带的处理器能力比较弱，存储器容量比较小，因此，如何利用有限的计算和存储资源完成诸多协同任务，也是无线传感器网络技术面临的挑战之一。事实上，随着低功耗电路和系统设计技术的提高，目前已经开发出很多超低功耗微处理器，同时，一般传感器节点还会配备一些外部存储器，目前的 Flash 存储器是一种可以低电压操作、多次写、无限次读的非易失存储介质。

2. 传感器网络的特性

（1）通信半径小，带宽低

无线传感器网络利用"多跳"来实现低功耗的数据传输，因此其设计的通信覆盖范围只有几十米。和传统无线网络不同，传感器网络中传输的数据大部分是经过节点处理过的数据，因此流量较小。根据目前观察到的现象特性来看，传感数据所需的带宽将会很低（1～100kbit/s）。

（2）传感网规模大

为了获取精确信息，传感器网络一般会通过大规模部署节点来进行监测。传感器网络的大规模性包括两方面含义：一是传感器节点分布在很广的地理区域内，二是传感器节点的部署很密集。传感器网络的大规模性具有很多优点：通过不同空间视角获得的信息具有更大的信噪比；分布式地处理大量的采集信息，能够提高检测的精确度，降低对单个节点的精度要求；另外，大量冗余节点的存在，使得系统具有较好的容错性能，并且大量节点能增大覆盖的检测区域，减少探测遗漏地点或盲区。

（3）传感网具有自适应性

无线传感器网络的拓扑结构可能因为多种因素而频繁变化。例如，因为环境因素或电能耗尽而导致节点出现故障或失效；环境条件变化造成无线通信链路带宽变化，甚至时断时通；网络中被检测对象的移动性要求节点具有移动性；新节点的加入或节点离开原来的位置等都会造成拓扑的变化。而且网络一旦形成，人很少干预其运行。因此，无线传感器网络的软、硬件必须具有高强壮性和容错性，相应的通信协议必须具有可重构和自适应性。

（4）无中心和自组织

在无线传感器网络中，所有节点的地位都是平等的，没有预先指定的中心，各节点通过分布式算法来相互协调，在无人工干预和任何其他预置的网络设施的情况下，节点可以自动组织成网络。正是由于无线传感器网络没有中心，因此网络不会因为单个节点的损坏而损毁，使得网络具有较好的鲁棒性和抗毁性。

（5）以数据为中心的网络

对于观察者来说，传感器网络的核心是感知数据而不是网络硬件。以数据为中心的特点要求传感器网络的设计必须以感知数据管理和处理为中心，将数据库技术和网络技术紧密结合，从逻辑概念和软/硬件技术三个方面实现一个高性能的以数据为中心的网络系统，让用户像使用通常的数据库管理系统和数据处理系统一样自如地在传感器网络上进行感知数据的管理和处理。

（6）应用相关性

传感器网络用来感知客观世界，获取物理世界的信息量。客观世界的物理量多种多样，不同的传感网应用则因为关心不同的物理量而必须满足不同的要求，实现不同的功能。不同的应用对传感网要求不同，它们的硬件平台、软件系统和网络协议会有所差别。因此，传感网不可能像因特网一样，存在统一的通信协议平台。不同传感网的应用虽然存在一些共性问题，但在开发传感网应用系统时，人们更关心传感网的差异。只有让具体系统更贴近于应用，才能更符合用户的需求和兴趣点。针对每一个具体应用来研究传感网技术，这是传感网不同于传统网络的显著特征。

（7）可靠性

传感网特别适合部署在恶劣环境或人员不能达到的区域。传感器节点可能工作在露天环境中，遭受太阳的暴晒或风吹雨淋，甚至遭到无关人员或动物的破坏。同时，传感器节点往往采用随机部署，如通过飞机播撒到特定区域。这些都要求传感器节点尽可能可靠，能够适应各种恶劣环境。

无线传感网通过无线电波进行数据传输，因此带宽低、信号间干扰强，信号本身不断衰减等问题不可避免，网络通信的可靠性也是不容忽视的。

另外，由于监测区域环境的限制，传感器节点数目庞大，对网络的维护也比较困难，传感网的通信保密性和安全性也十分重要，以防止监测数据被盗取或收到伪造的监测信息。因此传感网的软硬件都必须具有鲁棒性和容错性。

2.6.3　无线传感器网络的协议

网络协议主要指的是网络层协议和数据链路层协议，尤其是网络层的路由协议和数据链路层的介质访问控制（MAC）协议。因传感器节点和网络的特性，其上的网络协议也不能太复杂。

1. 路由协议

传感器网络具有很强的应用相关性，不同应用中的路由协议可能差别很大，没有一个通用的路由协议。传感器网络是一种新的信息获取和处理技术，但是节点分布的稠密性和能量等资源有限性的特点，使得其路由算法的设计有许多不同于传统网络的特点。与传统网络的路由协议相比，无线传感器网络的路由协议具有如下特点：

（1）设计路由协议时能量优先的原则

在无线传感器网络中，对于传感器节点来说，其携带的能量是有限的，而且一般情况下无法补充，因此在设计路由协议时节约节点能量以延长网络的生存期成为首要目标；而对于传统网络来说，在设计路由协议时很少考虑也不需要考虑能量节约的问题。

（2）基于局部拓扑信息的路由协议

为了节省通信能量，无线传感器网络通常采用多跳的通信方式，由于节点的存储能力和计算能力有限，不能存储大量的路由信息，也不能进行复杂的路由计算，只能获取局部的拓扑信息。

（3）路由协议以数据为中心

传统网络的路由协议通常是以地址作为节点的标识和路由的依据，而无线传感器网络中大量节点随机部署，它所关注的是被监测区域的信息，而并不关心是哪个节点获取的信息。举例来说，在某个与温度相关的传感器网络应用中，用户并不关心第 27 号传感器的温度，而是需要某区域内多个传感器采集的综合数据，如"给出当前温度超过 30℃ 的区域位置"。传感器网络通常包含多个传感器节点到少数汇聚节点的数据流，按照对感知数据的要求、数据通信模式和流向等，以数据为中心形成信息的转发路径。

（4）较强的应用相关性

传感器网络路由协议是基于特定应用进行设计的，很难设计通用性强的路由协议。与传统网络的路由协议相比，无线传感器网络的路由协议不具有通用性。由于应用环境的变化，以及通信模式的不同，没有一个通用的路由协议适合所有的应用状况，必须根据需要设计与之相适应的路由协议。

（5）采集数据相似性

传感器网络邻近节点间采集的数据具有相似性，存在冗余信息须经数据融合（Data Fusion）处理后再进行路由。

基于以上关于无线传感器网络的特点，在设计路由协议时应从以下几方面考虑：

1）能量的高效利用。在设计路由协议时，一方面要选择消耗能量比较少的数据传输路径，另一方面还要兼顾整个网络的平衡，使整个网络的能量均衡消耗。

2）网络的可扩展性。由于无线传感器网络具有动态性，包括监测区域的变化、节点的增减都会造成网络拓扑结构的变化，因此在设计路由协议时要充分考虑网络的可扩展性，使其能够适应网络结构的变化。

3）容错能力。由于无线传感器网络节点经常处于不稳定的环境中，会出现能量用尽或者因环境因素造成传感器节点失败，以及因环境因素影响无线链路的通信质量等，这些不可靠性都要求设计的路由协议具有一定的容错能力。

4）快速收敛性。传感器网络的拓扑结构动态变化，节点能量和通信宽带等资源有限，因此要求路由协议能够快速收敛，以适应网络拓扑结构的动态变化，减少通信协议开销，提高消息传输的效率。

2. MAC 协议

MAC（介质访问控制）协议处于无线传感器网络协议的底层部分，是保证无线传感器网络高效通信的关键。在设计无线传感器网络的 MAC 协议时，往往需要从节省能量、可扩展性、网络效率等方面加以考虑，且加上三方面的重要性依次递减。

由于现在传感器节点的能量供应问题没有得到很好的解决，而传感器节点本身不能自动补充能量或能量补充不足，因此节约能量成为传感器网络 MAC 协议设计首要考虑的因素。传统网络拓扑结构稳定，网络的范围和频率变化小，而无线传感器网络具有拓扑结构动态性强、变化大的特点。在无线传感器网络中可能造成能量浪费的原因一方面是 MAC 协议采用竞争方式使用共享的无线信道，节点在发送数据的过程中可能会引起多个节点之间发送数据的碰撞，于是需要重发而导致消耗节点更多的能量；另一方面是串音（overhearing）现象，节点要接收和处理不必要的数据，导致节点的无线接收模块和处理模块消耗更多的能量。传感器节点无线通信模块的状态包括四种：发送状态、接收状态、侦听状态和睡眠状态。在发送状态时消耗能量最大，在睡眠状态时消耗能量最小，其他两种状态消耗能量介于这两种状态之间。为减少能量消耗，在设计 MAC 协议时采用"侦听/睡眠"交替的无线信道使用策略，即当有数据收发时，节点就开启无线通信模块进行发送或侦听；如果没有数据需要收发，节点就控制无线通信模块进入睡眠状态，从而减少空闲侦听造成的能量消耗。同时，邻居节点之间需要协调侦听和睡眠的周期，以确保节点在睡眠时不错过发送给它的数据。

习题 2

1. 简述无线传感器节点的硬件组成。
2. 简述无线传感器操作系统 TinyOS 的体系结构。
3. 简述无线传感器数据库系统 TinyDB 的特征。
4. 简述无线传感器网络的原理及组成。
5. 论述设计无线传感器网络的网络协议应遵循的规则。

参考文献

［1］ 孙利民，李建中，陈渝，朱红松. 无线传感器网络［M］. 北京：清华大学出版社，2005.

［2］ I. F. Akyildiz, W. Su, Y. Sankarasubramaniam, and E. Cayirci. A Survey on Sensor Networks［J］. IEEE Communications Magazine, 2002, 40（8）：102～114.

［3］ 李晓维. 无线传感器网络技术［M］. 北京：北京理工大学出版社，2007.

［4］ 李建中，李金宝，石胜飞. 传感器网络及其数据管理的概念、问题与进展［J］. 软件学报. 2003, 14（10）：1717～1727.

［5］ Center for Embedded Networked Sensing［J/OL］. http://lecs. cs. ucla. edu/～estrin/June, 2005.

［6］ Manjhi, S. Nath, P. B. Gibbons. Tributaries and Deltas：Efficient and Robust Aggregation in Sensor Network Streams［J］. SIGMOD 2005, June 14～16, 2005, Baltimore, MaryLalld, USA.

［7］ 林喜源. 基于 TinyOS 的无线传感器网络体系结构［J］. 单片机与嵌入式系统应用，2006, 9.

［8］ 李士宁等. 传感网原理与技术［M］. 北京：机械工业出版社，2014.

［9］ TinyOS. http://tinyos. millennium. berkeley. edu.

［10］ TinyDB. http://telegraph. cs. berkeley. edu/tinydb/.

［11］ http://www. gov. cn/jrzg/2006-02/09/content_ 183787. htm.

［12］ http://www. sim. ac. cn/SIM/WEB/index. html.

第 3 章 光纤传感器

传感器正朝着灵敏、精确、适应性强、小巧和智能化的方向发展。在这一过程中，这个传感器家族的新成员——光纤传感器，备受青睐。光纤具有很多优异的性能，例如：具有抗电磁和原子辐射干扰的磁学性能，径细、质软、重量轻的机械性能；绝缘、无感应的电气性能；耐水、耐高温、耐腐蚀的化学性能等，它能够在人达不到的地方（如高温区），或者对人有害的地区（如核辐射区），起到人的耳目的作用，而且还能超越人的生理界限，接收人的感官感受不到的外界信息。本章将详细介绍各种典型的光纤传感器的工作原理和应用。

3.1 光纤传感器的定义与分类

3.1.1 光纤传感器的定义

光纤传感器是近年来随着光导纤维技术的发展而出现的新型传感器，由于它具有灵敏度高、电绝缘性能好、抗电磁干扰、耐腐蚀、耐高温、体积小、质量轻等优点，因而广泛应用于位移、速度、加速度、压力、温度、液位、流量、水声、电流、磁场、放射性射线等物理量的测量。随着光纤传感器研究工作的不断开展，各种形式的光纤传感器层出不穷，到目前为止，已相继研制出数十种不同类型的光纤传感器。

光纤传感器泛指使用了光纤技术的各类传感器。它将来自光源的光经过光纤送入调制器，待测参数与进入调制区的光相互作用后，导致光的光学性质（如光的强度、波长、频率、相位、偏振态等）发生变化，成为被调制的信号光，再经过光纤送入光探测器，经解调后，获得被测参数。

光纤传感器系统包括光源、光纤、传感头、光探测器和信

号处理电路五个部分，如图 3-1 所示。光源相当于一个信号源，负责信号的发射；光纤是传输介质，负责信号的传输；传感头感知外界信息，相当于调制器；光探测器负责信号转换，将光纤送来的光信号转换成电信号；信号处理电路的功能是还原外界信息，相当于解调器。

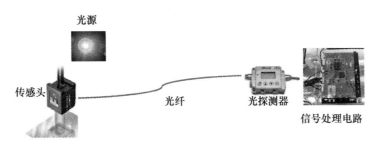

图 3-1　光纤传感器结构示意图

3.1.2　光纤传感器的分类

1. 按传感器传感原理分类

光纤传感器按其传感原理可分为两类：一类是功能型光纤传感器（Function Fibre Optic Sensor），又称 FF 型；另一类是非功能型光纤传感器（Non-Function Fibre Optic Sensor），又称 NF 型。这两类光纤传感器的基本组成十分相似，都由光源、入射光纤、调制器、出射光纤和光敏器件组成，但两者的光纤所起的作用是不同的（也就是调制器不同）。

功能型光纤传感器是以光纤自身作为敏感元件来感受被测量的变化的，被测量通过使光纤的某些光学特性发生变化来实现对光纤传输光的调制，因此功能型光纤传感器又称为传感型光纤传感器，这类传感器常使用单模光纤。

非功能型光纤传感器是利用其他敏感元件来感受被测量的变化以实现被测量对光纤传输光的调制，光纤只是作为传播光的介质，因此非功能型光纤传感器又称为传光型光纤传感器，这类传感器多使用多模光纤。

2. 按调制光波参数的不同分类

按光波被调参数的不同，光纤传感器可以分为强度调制光纤传感器、频率调制光纤传感器、波长（颜色）调制光纤传感器、相位调制光纤传感器和偏振态调制光纤传感器。

3. 按被测物理量分类

按测量对象的不同，光纤传感器可以分为光纤温度传感器、光纤速度传感器、光纤加速度传感器、光纤浓度传感器、光纤电流传感器、光纤流速传感器等。

3.2 光纤传感器的原理

3.2.1 光纤的工作原理和结构

光导纤维简称光纤，由纤芯、包层、外套组成，如图 3-2 所示。中心圆柱体称为纤芯，由某种类型的玻璃或塑料制成。环绕纤芯的是一层圆柱形套层，称为包层，由特性与纤芯略有不同的玻璃或塑料制成。在包层外面通常还有一层尼龙护套，它一方面可增强光纤的机械强度，起保护作用；另一方面可以通过颜色来区分各种光纤。

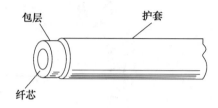

图 3-2 光纤的结构

光纤按折射率的变化可分为阶跃型光纤和渐变型（梯度型）光纤，其结构如图 3-3 所示。

1）阶跃型光纤：图 3-3a 表示阶跃折射率光纤的折射率从纤芯中央到包层外侧随距离而变化的曲线。在纤芯内，折射率不随半径变化而变化，有一恒定值 n_1。由纤芯到包层界面折射率突然从 n_1 减小到 n_2，而在整个包层中折射率也保持恒定。

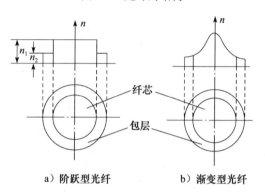

a）阶跃型光纤　　b）渐变型光纤

图 3-3 阶跃型光纤和渐变型光纤的折射率变化

2）渐变型光纤：图 3-3b 表示渐变折射率光纤的折射率从纤芯中央到包层外侧随距离的分布。这种类型光纤的折射率从纤芯中央开始向外随径向距离增加而逐渐减小，而在包层中折射率保持不变。

光纤按其传输模式可分为单模光纤和多模光纤，其结构如图 3-4 所示。

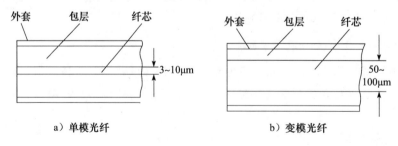

a）单模光纤　　　　　　　　b）变模光纤

图 3-4 单模光纤和多模光纤结构

1）单模光纤：通常是指阶跃型光纤中的纤芯尺寸很小（通常仅几微米）、光纤传播的模式很少、原则上只能传送一种模式的光纤（通常是芯径很小的低损耗光纤）（见

图 3-4a）。这类光纤传输性能好（常用于干涉型传感器），制成的传感器较多模传感器有更好的线性、更高的灵敏度和动态测量范围。但单模光纤由于纤芯太小，制造、连接和耦合都很困难。

2）多模光纤：通常是指阶跃光纤中纤芯尺寸较大（大部分为几十微米）、传播模式很多的光纤（见图 3-4b）。这类光纤性能较差，带宽较窄，但由于芯子的截面大，容易制造，连接耦合也比较方便。这种光纤常用于强度型传感器。

根据几何光学的理论，当光线以较小的入射角 θ_1 由折射率（n_1）较大的光密介质 1 射向折射率（n_2）较小的光疏介质 2（即 $n_1 > n_2$）时，一部分入射光以折射角 θ_2 折射到光疏介质 2，另一部分以 θ_1 角反射回光密介质。据 Snell 定律有：

$$n_1 \sin\theta_1 = n_2 \sin\theta_2 \tag{3-1}$$

由于 $n_1 > n_2$，所以 $\theta_1 < \theta_2$。当入射角 θ_1 加大到 $\theta_1 = \theta_c = \arcsin\left(\dfrac{n_2}{n_1}\right)$ 时，$\theta_2 = 90°$，折射光沿着界面传播。当继续加大入射角，即 $\theta_1 > \theta_c$ 时，光不再产生折射，只有反射，也就是说，光不能穿过两个介质的分界面而完全反射回来，因此称为全反射。产生全反射的条件为

$$\theta_1 > \theta_c = \arcsin\left(\frac{n_2}{n_1}\right)(n_1 < n_2) \tag{3-2}$$

式中，θ_c 为临界角。

由于光纤纤芯的折射率大于包层的折射率，所以在光纤纤芯中传播的光只要满足上述条件，光线就能在纤芯和包层的界面上不断地产生全反射，成"之"字形向前传播，从光纤的一端以光速传播到另一端，这就是光纤传光原理。

在光纤的入射端，光线从空气（折射率为 n_0）中以入射角 ϕ_0 射入光纤，在光纤内折射成角 ϕ_1，然后以 $\theta_1 = 90° - \phi_1$ 角入射到纤芯与包层的界面，如图 3-5 所示。据 Snell 定律有：

$$n_0 \sin\phi_0 = n_1 \sin\phi_1 = n_1 \cos\phi_1 \tag{3-3}$$

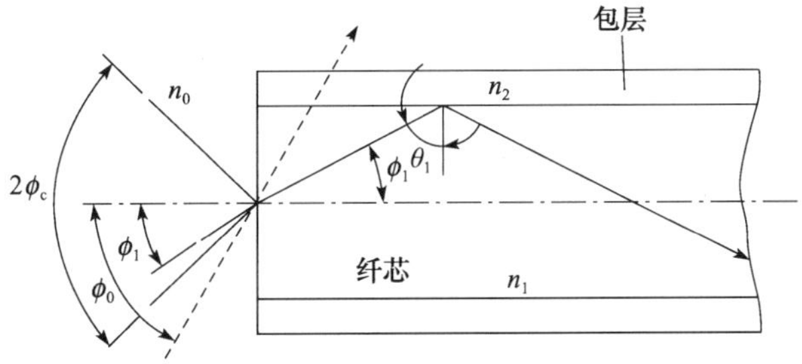

图 3-5 光纤传光原理

据式（3-2），为满足全反射条件，须使 $\sin\theta_1 > \dfrac{n_2}{n_1}$，即

$$\cos\theta_1 < \sqrt{1 - \left(\frac{n_2}{n_1}\right)^2} \tag{3-4}$$

将式（3-4）代入式（3-3）可得能在光纤内产生全反射的端面入射角 ϕ_0 的最大允许值，即光纤的数值孔径 NA 为

$$NA = \sin\phi_c = \frac{\sqrt{n_2^2 - n_2^2}}{n_0} \qquad (3-5)$$

式中，n_0 为光纤所处环境的折射率，一般为空气，$n_0 = 1$。

数值孔径反映纤芯接收光量的多少，是标识光纤接收性能的一个重要参数。数值孔径的意义是无论光源发射功率有多大，光纤端面的入射光只有处于 $2\phi_c$ 的锥角内，进入光纤后才能满足全反射条件，即式（3-2）。

一般希望光纤有大的数值孔径，这有利于耦合效率的提高。但数值孔径较大时，光信号将产生大的"模色散"，入射光能分布在多个模式中，各模式的速度不同，导致各个能量分量到达光纤远端的时间不同，信号将发生严重畸变，所以要适当选择。典型的光纤 $\theta \approx 10°$。

3.2.2 光纤传感器的工作原理

光纤传感器的基本原理是将光源入射的光束经由光纤送入调制区，在调制区内，外界被测参数与进入调制区的光相互作用，使光的光学性质（如光的强度、波长（颜色）、频率、相位、偏振态等）发生变化，成为被调制的信号光，再经光纤送入光敏器件、解调器而获得被测参数。

1. 强度调制光纤传感器的工作原理

利用外界因素改变光纤中光的强度，通过测量光纤中光强的变化来测量外界被测参数的原理称为强度调制，其原理如图 3-6 所示。

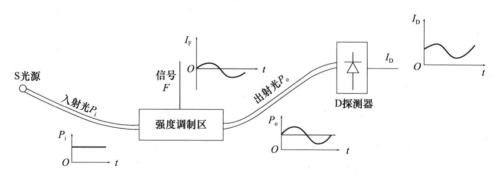

图 3-6　强度调制原理

一恒定光源发出的强度为 P_i 的光注入传感头，在传感头内，光在被测信号 F 的作用下其强度发生变化，即受到了外场的调制，使得输出光强 P_o 的包络线与 F 形状一样，光电探测器测出的输出电流 I_o 也作同样的调制，信号处理电路再检测出调制信号，就得到了被测信号。

2. 频率调制光纤传感器的工作原理

光纤传感器中的频率调制就是利用外界因素改变光纤中光的频率，通过测量光的频

率的变化来测量外界被测参数，光的频率调制是由多普勒效应引起的。所谓多普勒效应，简单地讲，就是光的频率与光接收器和光源之间的运动状态有关，当它们之间是相对静止时，接收到的光频率为光的振荡频率；当它们之间有相对运动时，接收到的光频率与其振荡频率发生了频移。频移的大小与相对运动速度的大小和方向都有关，测量此频移就能得到物体的运动速度。

光纤传感器测量物体的运动速度是基于光纤中的光入射到运动物体上，由运动物体反射或散射的光发生的频移与运动物体的速度有关这一基本原理实现的。

3. 波长（颜色）调制光纤传感器的工作原理

光纤传感器的波长调制就是利用外界因素改变光纤中光能量的波长分布（或者说光谱分布），通过检测波长分布来测量被测参数，由于波长与颜色直接相关，因此波长调制也叫颜色调制，其原理如图 3-7 所示。

图 3-7　波长调制原理

光源发出的光能量分布为 $P_i(\lambda)$，由入射光纤耦合到传感头 S 中，在传感头 S 内，被测信号 $S_o(t)$ 与光相互作用，使光谱分布发生变化，输出光纤的能量分布为 $P_o(\lambda)$，由光谱分析仪检测出 $P_o(\lambda)$，即可得到 $S_o(t)$。在波长调制光纤传感器中，有时并不需要光源，而是利用黑体辐射、荧光等的光谱分布与某些外界参数有关的特性来测量外界参数，其调制方式有黑体辐射的调制、荧光波长调制、滤光器波长调制和热色物质波长调制。

4. 相位调制光纤传感器的工作原理

相位调制光纤传感器的原理是通过被测能量场的作用，使光纤内传播的光波相位发生变化，再利用干涉测量技术将相位变化转换为光强度变化，从而检测出待测的物理量。

光纤中光波的相位由光纤波导的物理长度、折射率及其分布、波导横向几何尺寸决定。一般来说，压力、张力、温度等外界物理量能直接改变上述三个波导参数，产生相位变化，实现光纤的相位调制。但是，目前的各类光探测器都不能感知光波相位的变化，必须采用光的干涉技术将相位变化转变为光强变化，才能实现对外界物理量的检测。因此，光纤传感器中的相位调制技术包括产生光波相位变化的物理机理和光的干涉技术，与其他调制方法相比，因其采用干涉技术而具有很高的相位调制灵敏度。

5. 偏振态调制光纤传感器的工作原理

偏振态调制光纤传感器的原理即利用外界因素改变光的偏振特性，通过检测光的偏振态的变化来检测各种物理量。在光纤传感器中，偏振态调制主要基于人为旋光现象和人为双折射，如法拉第磁光效应、克尔电光效应和弹光效应等。

3.2.3　光纤传感器的特性

与传统的传感器相比，光纤传感器的主要特性有：

1）抗电磁干扰、电绝缘、耐腐蚀、耐高压、本质安全、在易燃环境下安全可靠。由于光纤传感器是利用光波传输信息，而光纤又是电绝缘、耐腐蚀的传输介质，因而不受强电磁干扰，也不影响外界的电磁场，并且安全可靠。这使它在各种大型机电、石油化工、冶金高压、强电磁干扰、易燃/易爆/强腐蚀等环境中能方便而有效地传感。

2）灵敏度高。利用长光纤和光波干涉技术使不少光纤传感器的灵敏度优于一般的传感器。其中有的已由理论证明，有的已经实验验证，如测量水声、加速度、辐射、温度、磁场等物理量的光纤传感器。

3）重量轻、体积小、外形可变。光纤除具有重量轻、体积小的特点外，还可挠曲，几何形状具有多方面的适应性，因此利用光纤可制成外形各异、尺寸不同的各种光纤传感器。这有利于航空、航天以及狭窄空间的应用。

4）测量对象广泛。目前已有性能不同的测量温度、压力、位移、速度、加速度、液面、流量、振动、水声、电流、电场、磁场、电压、杂质含量、液体浓度、核辐射等各种物理量、化学量的光纤传感器在现场使用，还可以与光纤遥测技术相配合，实现远距离测量和控制。

5）频带宽，测量动态范围大。

6）对被测介质影响小，这有利于医药生物领域的应用。

7）便于复用，便于成网。由光纤传感器组成的光纤传感系统便于与计算机相连接，响应快，能够实时、在线测量和自动控制，有利于与现有光通信技术组成遥测网和光纤传感网络。

8）成本低。有些种类的光纤传感器的成本将大大低于现有同类传感器。

3.3　典型光纤传感器

3.3.1　光纤加速度传感器

用光纤传感器测量运动加速度的基本原理是：一定质量的物体在加速度作用下产生惯性力，这种惯性力可转变为位移、转角或是变形等变量，通过对这些变量的测量，就可得出加速度数值。与前述各种光纤传感器一样，它可以是强度调制的，也可以是相位调制的，采用光纤干涉仪配以适当的电路和微机处理系统，就能够计算加速度值并显示出来。

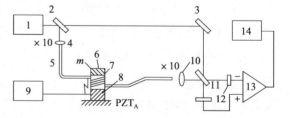

图 3-8　光纤加速度传感器的组成结构
1—氦氖激光器　2、11—分束器　3—反射镜
4、10—透镜　5—单模光纤　6—质量块
7—顺变柱体　8—压电变换器　9—驱动器
12—光探测器　13—差动放大器　14—频谱仪

光纤加速度传感器的组成结构如图 3-8 所示。激光束通过分束器后分为两束光，透射光作为参考光束，反射光作为测量光束。测量光束经透镜耦合进

入单模光纤,单模光纤紧紧缠绕在一个顺变柱体上,顺变柱体上端固定有质量块。当顺变柱体作加速运动时,质量块的惯性力使圆柱体变形,从而使绕于其上的单模光纤被拉伸,引起光程差的改变。相位改变的激光束由单模光纤射出后与参考光束在分束器处会合,产生干涉效应。在垂直位置放置的两个光探测器接收到亮暗相反的干涉信号,并转换成电信号,两路电信号经差动放大器处理后便可正确地测出加速度值。

3.3.2 光纤速度传感器

如图 3-9 所示为光纤多普勒速度计的原理框图,此系统采用零差检测法。图中的激光器为偏振 He-Ne 激光器,它发出线偏振光,其振动方向与偏振分束器的振动方向一致,经偏振分束器发出的光耦合到普通的多模光纤中,由于多模光纤具有较大的双折射,在几个厘米距离范围内将输入的线偏振光退偏,光纤的另一端置入待测流体中,信号光被流体散射并由同一根光纤接收。由于散射光是随机偏振的,因此,返回的光经偏振分束器后,只有一半能耦合到探测器。参考光必须是从一个相对于流体固定的点引出,唯一满足这个条件的是从光纤端面 A 反射的光。此反射光的强度取决于光纤和被测流体介质的相对折射率,且总是小于 4%(光在玻璃 – 真空界面上的反射率)。这个强度在系统其余部分的反射非常小的情况下是足够的,其偏振也是随机的,同样只有强度的 1/2 能经过分束器到达探测器。

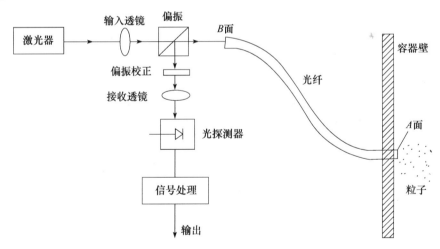

图 3-9 光纤多普勒速度计原理框图

除 A 平面外,系统中其余部分的反射主要来自于平面 B,但 B 平面的反射光不能到达探测器,因为它们的偏振方向与分束器的偏振方向一致,能透过分束器导向激光器。系统中的透镜用于准直,而起偏器的作用是为了抑制由于偏振分束器消光比(通常为60dB)和透镜的双折射等因素引起的杂散光对干涉条纹对比度的影响。

多普勒探测器探测介质的最大穿透深度只有几个纤芯半径的量级,对于大衰减介质的穿透深度只有两个纤芯半径。一般多普勒探测器最大只能实现液体中几毫米处粒子的运动速度测量，只适用于携带粒子的流体或混浊体中悬浮物质的速度测量。速度测量范围为 μm/s 量级至 m/s 量级，相应的频偏为 Hz 量级至 MHz 量级。

3.3.3 光纤压力传感器

利用压力使光纤变形，进而影响光纤中传输光的强度，构成了强度型光纤压力传感器。图 3-10 是这种传感器的原理图，激光经过扩束镜聚焦注入多模光纤，包层中的非导引模由脱模器（一般涂有黑漆的光纤，长度数厘米）去掉，然后进入变形器（一般为 5 个周期，节距 3mm）。当变形器受外界压力作用时，光纤的微变程度发生变化，影响光纤的传输能量，通过光探测器测出其变化。这一装置能检测的最小位移量为 0.8Å，频响为 20 ~ 1100Hz，线性度为 1%。为提高检测的灵敏度，可将光纤盘绕成平面螺旋状，以增加作用长度，如图 3-10 所示。

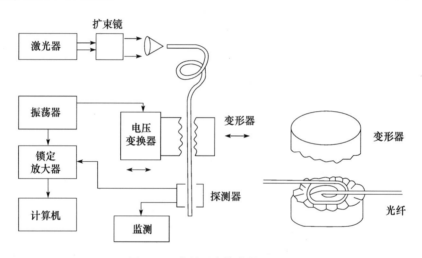

图 3-10 光纤压力传感器原理图

3.3.4 光纤温度传感器

光纤温度传感器是目前应用广泛性仅次于加速度、压力传感器的光纤传感器。根据工作原理可分为相位调制型、光强调制型和偏振光型等。这里仅介绍一种相位调制型光纤温度传感器，图 3-11 所示为这种光纤温度传感器的结构图。光纤温度传感器包括激光器、扩束器、分束器、两个显微物镜、两根单模光纤（其中一根为测量臂，另一根为参考臂）、光探测器等。干涉仪工作时，激光器发出的激光束经分束器分别送入长度基本相同的测量光纤和参考光纤，将两根光纤的输出端汇合在一起，两束光即产生干涉，从而出现干涉条纹。当测量臂光纤受到温度场的作用时，产生相位变化，引起干涉条纹的移动。干涉条纹移动的数量将反映出被测温度的变化。

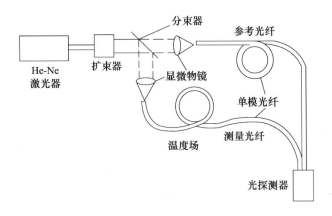

图 3-11　光纤温度传感器的结构

3.3.5　光纤声音传感器

　　光纤声音传感器的传感头结构如图 3-12 所示，光纤传感头是两个半圆塑料筒用弹簧连接而成的圆筒，直径分别为 6cm 和 5cm，并由 5m 长的光纤绕在圆筒上。

　　光纤声音传感器系统框图如图 3-13 所示。它采用相位补偿型外差检测法，与外差法非常的相似，其不同之处在于，参考臂仍有压电陶瓷 PZT 器件，经乘法器出来的信号反馈到 PZT 上，它产生的相位使得两臂相干后的输出为一个标准的误差信号，这一点又与直流相位跟踪零差法相似，但与直流相位跟踪零差法不同的是，即使相位补偿型外差法去掉反馈环，PZT 不工作，整个系统也能正常工作，而直流相位跟踪零差法系统离开 PZT 则不能再正常工作。He-Ne 激光器经声光调制器分束，其中一束是由声光衍射产生了频移 ω_m 的光，其频率为 $\omega_0 + \omega_m$，

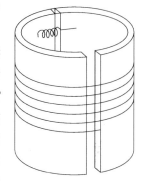

图 3-12　光纤声音传感器
的传感头结构

然后耦合到参考臂中，另外一束没有频移的光进入信号臂中，其频率为 ω_0，信号臂和参考臂的末端由分束镜合束，用 APD 来实现光电转换。信号处理包括自动增益控制放大器（AGC）、乘法鉴相器（用符号 ⊗ 表示）、放大器（AMP）、带通滤波器（BPF）和低通滤波器（LPF）。外差法是一种干涉测量的方法，它通过改变参考信号的频率，使其与测量信号之间产生一个频率差，参考信号与测量信号干涉后，干涉信号相位中包含了相位调制项（载波）与被测量项，通过对干涉信号进行解调即可得到被测量的相位。这种在干涉信号相位中引入载波的方法称为外差法。与零差法相比，外差法通过干涉信号解调测得被测物理量，干涉信号强度的变化对测量的影响可以忽略，从而提高了干涉测量精度。

　　参考臂是由同样长度的光纤绕在长为 7cm、直径为 4cm 的圆筒形压电陶瓷 PZT 上构成，探测器的输出信号输入到 AGC 中放之中，中放输出与本振信号进入乘法鉴相器，然后经放大输出。

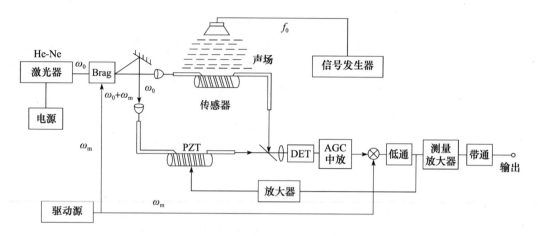

图 3-13　单模光纤声音传感器外差检测系统框图

3.3.6　光纤光电传感器

我们以检测液位的光纤光电传感器为例来说明其工作原理如图 3-14 所示。它采用两组光纤光电传感器，一组用来设定液面上限控制部位，另一组用来设定液面下限控制部位，并将它们按某一角度装在玻璃罐的两侧。

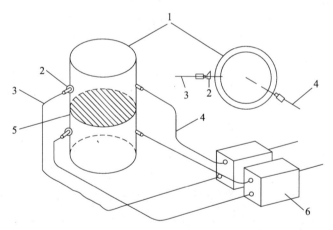

图 3-14　光纤光电传感器液位检测原理图
1—玻璃筒　2—透镜　3—受光光纤传感器　4—投光光纤传感器　5—液面　6—放大器

由于液体对光有折射作用，当在投光光纤与光纤传感器之间有液体时，光纤传感器可接收到光信号，并由放大器内的光敏元件转换成电信号输出。而无液体时，投光光纤发出的光线不能被光纤传感器接收。因此上、下限安装的光纤式光电传感器通过检测光信号再转换成电信号，经控制电路便可对上、下限之间的液位进行控制。

3.3.7　光纤图像传感器

光纤图像传感器是采用传像束来完成工作的。传像束由数目众多的玻璃光纤按一定规则整齐排列而成。一条传像束中包含了数万条甚至几十万条直径为 $10 \sim 20\,\mu\mathrm{m}$ 的光纤，每一条光纤传送一个像元信息。投影在光纤束一端的图像被分解成许多像素，然后，图像作为一组强度与颜色不同的光点传送，并在另一端重建原图像。传像束式的光纤图像传感器在医疗、工业、军事等部门有着广泛的应用。

在工业生产过程中，常用工业用内窥镜来检查系统内部结构，它采用光纤图像传感器将探头放入系统内部，通过光束的传输可以在系统外部观察和监视系统的内部情况，其原理如图 3-15 所示。它由物镜、传像束、传光束、目镜组成。光源发出的光通过传光束照射到被测物体上照明视场，通过物镜和

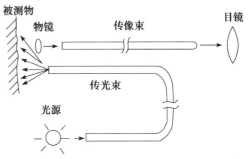

图 3-15　工业用内窥镜原理图

传像束将内部结构图像送出，以便观察或照相，或通过传像束送入 CCD 器件，将图像信号转换成电信号后送入微机进行处理，然后可在屏幕上显示或打印。

3.4　分布式光纤传感器

3.4.1　分布式光纤传感器的概念

分布式光纤传感系统是同时利用光纤作为传感敏感元件和传输信号介质，采用先进的 OTDR（Optical Time Domain Reflect-meter，光时域反射仪）技术，探测出沿着光纤不同位置的温度和应变的变化，实现真正分布式的测量。OTDR 是利用光线在光纤中传输时的瑞利散射和菲涅尔反射所产生的背向散射而制成的精密的光电一体化仪表，它被广泛应用于光缆线路的维护与施工之中，可进行光纤长度、光纤的传输衰减、接头衰减和故障定位等的测量。

OTDR（光学时域反射技术）的基本原理是利用分析光纤中后向散射光或前向散射光的方法测量因散射、吸收等原因产生的光纤传输损耗和各种结构缺陷引起的结构性损耗，当光纤某一点受温度或应力作用时，该点的散射特性将发生变化，因此通过显示损耗与光纤长度的对应关系来检测外界信号分布于传感光纤上的扰动信息。

OTDR 测试是通过发射光脉冲到光纤内，然后在 OTDR 端口接收返回的信息来进行的。当光脉冲在光纤内传输时，会由于光纤本身的性质、连接器、接合点、弯曲或其他类似的事件而产生散射、反射。其中一部分的散射和反射就会返回到 OTDR 中。返回的有用信息由 OTDR 的探测器来测量，它们作为光纤内不同位置上的时间或曲线片断。确定从发射信号到返回信号所用的时间及光在玻璃物质中的速度，就可以计算出距离。

3.4.2　时域分布式光纤传感器的原理

光在光纤中传输会发生散射，包括瑞利散射、拉曼散射和布里渊散射。瑞利散射是

光纤的一种固有特性，是指当光波在光纤中传输时，由于纤芯折射率在微观上随机起伏而引起的线性散射。光时域反射仪（Optical Time Domain Reflect-meter，OTDR）是基于测量后向瑞丽散射光信号的实用化仪器，利用 OTDR 可以方便地对单端光纤进行非破坏性的测量，它能连续显示整个光纤线路的损耗相对于距离的变化。OTDR 测试是通过将光脉冲注入光纤中，如果光纤是均匀的并且与所处外界环境一致，后向散射光的强度将由于光纤内部损耗而随时间呈指数衰减，假如耦合进光纤的输入光脉冲峰值功率是 P_0，经历时间 t 后探测到的后向散射光强度将是

$$P_s(t) = (1 - k)kP_0Dr(z)\exp\{-f_0 2\alpha_i(z)dz\}$$

式中，$z = ct/2n$ 为产生后向散射光信号；$P_s(t)$ 为前向传输光所处位置；$\alpha_i(z)$ 为以纳培为单位的衰减系数；n 为纤芯的折射率；c 为光速；k 为输入光纤耦合器的功率分束比；$r(z)$ 为考虑了瑞丽后向散射系数和光纤数值孔径之后的有效后向散射系数；$D = c\tau/2n$ 为任何时刻光纤中的光脉冲宽度（此处认为输入光和后向散射光的损耗系数相等）。

不难得出，$\dfrac{\partial(1nP_s)}{\partial z} = -2\alpha_i(z)$，损耗越高则曲线斜率越大。OTDR 的空间分辨率由输入光脉冲宽度决定，根据 $\Delta zmin = c\tau/2n$，对于脉宽为 10 纳秒的光脉冲来说，其空间分辨率为 1m。

3.4.3 分布式光纤传感器的类型

分布式光纤传感的概念被提出后，以其可以预测等诸多优点而备受关注，一度成为研究和应用的热点，经过几十年的迅速发展，今天的分布式光纤传感器主要可分为以下四类。

1. 基于瑞丽后向散射的光纤传感器

当使用偏振光时域反射仪时，在单模光纤中，瑞丽后向散射光的偏振状态以时间为函数被探测到，单模光纤的双折射参数对诸如电场、磁场、应力、压力等被测量很敏感，随后，后向散射光的偏振状态沿着光纤轴向而变化。因此，可以通过相应的克尔效应和法拉第旋光效应监测电场和磁场的变化。后向散射光的强度与后向散射系数呈比例，而后向散射系数一般只随温度变化。在固核光纤里温度影响很弱，而在液体中，瑞丽散射与反射系数对温度依赖关系很明显。南安普敦大学等研究机构很早就开展了对液核光纤用于分布式传感系统的研究，其温度分辨率和空间分辨率分别是 ±0.5℃ 和 1m，但其缺点表现在两方面，首先是液体的热膨胀效应限制了工作温度范围，其次是数值孔径和温度之间存在制约关系。

掺有稀土的光纤常被用作光纤放大器和光纤激光器，以及分布式温度传感器，特别是掺钕和钬的光纤用作分布式温度传感器已经被实验证实。在这种光纤中，光谱吸收带随着温度的升高变宽并且向长波方向移动。因此可以选用处在吸收带边的波长，利用光时域反射仪测量光纤损耗的空间变化进而推测温度的分布变化。一种掺钕的分布式光纤传感

器已经研制成功，其温度测量范围为2℃，空间分辨率是5m，这种光纤温度传感器的最大可用波长范围由OTDR的动态范围以及光纤在最大工作温度下的名义损耗值决定，传感范围可以是几百米。对于掺钕的光纤传感器，增加其掺杂的均匀性可以显著提高传感器的灵敏度。这种分布式光纤温度传感器温度分辨率可达1℃，空间分辨率可达3.5m，如果外界温度增加，则损耗随之增加，因此这种传感器在温度较低时非常灵敏。当然，其他外界条件的变化，例如光纤的弯曲、纽结等都可以引起温度误测，因此需要采取补偿措施，一般是同时使用一个其波长移动处在远离吸收带的OTDR，用此来监测非温度变化引起的损耗。

2. 基于布里渊效应的传感器

基于布里渊效应的光时域反射仪是布里渊散射和OTDR探测技术相结合构成的分布式光纤传感器。处于光纤两端的可调谐激光器分别将一脉冲光与一连续光（分别作为泵浦和探测光）注入传感光纤，当泵浦光与探测光的频率差与光纤中某区域的布里渊频移相等时，在该区就会产生布里渊放大效应，两光束之间发生能量转移，由于布里渊频移与应变，温度存在线性关系，因此，对两激光器的频率进行连续调节的同时，通过检测从光纤一端射出的连续光的功率，就可以确定光纤各小段区域上能量转移达到最大时对应的频率差，从而得到关于应变、温度的分布信息，实现分布式测量。

3. 基于拉曼后向散射的温度传感器

基于温度与拉曼后向散射关系的分布式光纤温度传感器早在20世纪80年代就被提出并且商业化。拉曼散射产生了斯托克斯和反斯托克斯分量，后向散射光的斯托克斯分量与反斯托克斯分量强度之比为

$$\mathrm{Rr} = \left(\frac{\lambda_s}{\lambda_{a_6}}\right)\exp\left(-\frac{hcv}{kT}\right)$$

式中，h为普朗克常数；c为光速；v为受激辐射的光频率；k为玻耳兹曼常数；T为绝对温度。对于上式如果我们选取波长是514nm，在室温下比值为0.15，对温度依赖关系为在0℃~100℃内是0.8%/℃，使用这种方法能够测量的光纤长度约1km，温度分辨率是±1℃，空间分辨率约3~10m。这种方法的缺点是拉曼后向散射系数太小，大约比瑞丽散射低三个数量级，因此必须采用高输入功率且对探测到的后向散射光信号取较长时间内的平均值。这种方法的最大优点是可以采用传统锗掺杂的通信用渐变折射率光纤。

4. 偏振模耦合分布式光纤传感器

光纤中的传输模之间的耦合效应也能被用于分布式传感器，与前述方法不同，这种传感器是基于传输光而不是后向散射或反射光信号，一般选用允许存在两个传输模的光纤作传感光纤，这两个模式作为正交偏振模在高双折射保偏光纤中传输，基于正交偏振模传感器的工作原理是：从激光器输出的偏振光进入长度为L的光纤中，用一个与光纤本征模成45℃的偏振器分析输出光。如果光纤完好没有任何损伤，偏振光波将以同一种模式在光纤中传输，输出光中也不会探测到模式间的干涉效应。否则，光纤中P点的扰

乱将沿着光纤分布导致模式耦合，利用频率调制的连续波探测系统即可获得耦合出现的位置。通过激光频率的线性啁啾，依赖（$L-p$）和不同模式传播常数的不同，通过采用外差法探测模式干涉信号。假如激光啁啾是 Δv，重复率为 f_e，则探测到的干涉信号的拍频是 $f_p = \dfrac{\Delta vfcB(L-P)}{c}$，其中 B 是模式双折射（$N_x - N_y$）。

如果 $B=4\times10^{-4}$，$f_e=10\text{kHz}$，$\Delta v=100\text{GHz}$，$L=1000\text{m}$，则 f_p 在 $1.33\text{MHz}(p=0)$ 和 $27\text{KHz}(p=980\text{m})$ 之间，因为不同的拍频大小对应于光纤中不同的模式耦合点，据此可以根据拍频大小分析模式耦合的位置，从而分布式传感器可以探测到导致模间耦合的局部位置上的应力或其他机理。

3.4.4 分布式光纤传感器的应用

基于瑞丽散射的分布式光纤传感器主要用于应变的监测，因为应力的变化可以引起瑞丽散射的变化，据此可以用于河道应变检测、船体应变检测，甚至可以将传感器做成嵌入式系统放入建筑物、桥梁、大坝、坦克、航天飞机、宇宙飞船等大型结构物内部，从而对其内部结构应力实时监测。基于拉曼散射的分布式光纤传感器主要用于温度的监测，其应用领域包括以下方面：①电力电缆的表面温度监测，故障点定位以及电缆隧道的防火报警；②变压器、发电机、核反应系统、冶炼炉等系统内的温度分布监测；③输油管道的泄漏探测、温度监测、故障诊断等。

3.5 MEMS 传感器

3.5.1 MEMS 传感器的分类

微机电系统（Micro-electro-mechanical System，MEMS）是将微电子技术与机械工程融合到一起的一种工业技术，它在微米范围内操作。比它更小的，在纳米范围的类似的技术被称为纳机电系统。MEMS（微机电系统）是指集微型传感器、执行器、信号处理和控制电路、接口电路、通信模块及电源于一体的微型机电系统。

MEMS 传感器是采用微机械加工技术制造的新型传感器，是 MEMS 器件的一个重要分支。1962 年，第一个硅微型压力传感器的问世开创了 MEMS 技术的先河，MEMS 技术的进步和发展促进了传感器性能的提升。作为 MEMS 最重要的组成部分，MEMS 传感器发展最快，一直受到各发达国家的广泛重视。美、日、英、俄等世界大国将 MEMS 传感器技术作为战略性的研究领域之一，纷纷制订发展计划并投入巨资进行专项研究。随着微电子技术、集成电路技术和加工工艺的发展，MEMS 传感器凭借体积小、重量轻、功耗低、可靠性高、灵敏度高、易于集成以及耐恶劣工作环境等优势，极大地促进了传感器的微型化、智能化、多功能化和网络化发展。MEMS 传感器正逐步占据传感器市场，并逐渐取代传统机械传感器的主导地位，已得到消费电子产品、汽车工业、航空航天、机械、化工及医药等各领域的青睐。

MEMS 第一轮商业化浪潮始于 20 世纪 70 年代末 80 年代初，当时用大型蚀刻硅片结构和背蚀刻膜片制作压力传感器。由于薄硅片振动膜在压力下变形，会影响其表面的压敏电阻曲线，这种变化可以将压力转换成电信号。后来的电路则包括电容感应移动质量加速计，用于触发汽车安全气囊和定位陀螺仪。第二轮商业化出现于 20 世纪 90 年代，主要围绕着 PC 和信息技术的兴起。TI 公司根据静电驱动斜微镜阵列推出了投影仪，而热式喷墨打印头现在仍然大行其道。第三轮商业化可以说出现于世纪之交，微光学器件通过全光开关及相关器件而成为光纤通信的补充。尽管现今该市场较萧条，但微光学器件从长期看来将是一个 MEMS 增长强劲的领域。目前 MEMS 产业呈现的新趋势是产品应用的扩展，其开始向工业、医疗、测试仪器等新领域扩张。推动第四轮商业化的其他应用包括一些面向射频的无源元件、在硅片上制作的音频、生物和神经元探针，以及所谓的"片上实验室"生化药品开发系统和微型药品输送系统的静态和移动器件。

MEMS 传感器的品种繁多，分类方法也很多。按其工作原理可分为物理型、化学型和生物型三类。按照被测的量又可分为加速度、角速度、压力、位移、流量、电量、磁场、红外、温度、气体成分、湿度、pH 值、离子浓度、生物浓度及触觉等类型的传感器。综合两种分类方法的分类体系如图 3-16 所示。

其中每种 MEMS 传感器又有多种细分方法。例如，对于加速度计，按检测质量的运动方式划分，有角振动式和线振动式加速度计；按检测质量的支承方式划分，有扭摆式、悬臂梁式和弹簧支承方式；按信号检测方式划分，有电容式、电阻式和隧道电流式；按控制方式划分，有开环式和闭环式。

3.5.2　MEMS 传感器的原理和结构

1. MEMS 压力传感器的技术原理

MEMS 传感器的发展以 20 世纪 60 年代霍尼韦尔研究中心和贝尔实验室研制出首个硅隔膜压力传感器和应变计为开端。压力传感器是影响最为深远且应用最广泛的 MEMS 传感器，其性能由测量范围、测量精度、非线性和工作温度决定。从信号检测方式划分，MEMS 压力传感器可分为压阻式、电容式和谐振式等；从敏感膜结构划分，可分为圆形、方形、矩形和 E 形等。

硅压力传感器主要是硅扩散型压阻式压力传感器，其工艺成熟，尺寸较小，且性能优异，性价比较高。2010 年 12 月，意法半导体公司采用创新的 MEMS 制造技术开发出压阻式 MEMS 压力传感器 LPS001WP。LPS001WP 通过覆盖在气腔上的柔性硅薄膜检测压力变化，该薄膜包括电阻值随着外部压力改变的微型压电电阻器，压力检测量程为 $3 \times 10^4 \sim 1.1 \times 10^5 \text{Pa}$，可检测到最小 6.5Pa 的气压变化。2009 年 3 月举行的慕尼黑上海电子展上，爱普科斯公司推出了业界封装非常小的用于测量大气压力的压阻式 MEMS 传感器

T5000/ABS1200E，尺寸仅为 $1.7\,\mathrm{mm} \times 1.7\,\mathrm{mm} \times 0.9\,\mathrm{mm}$，可用于便携式电子产品测量气压和海拔高度。

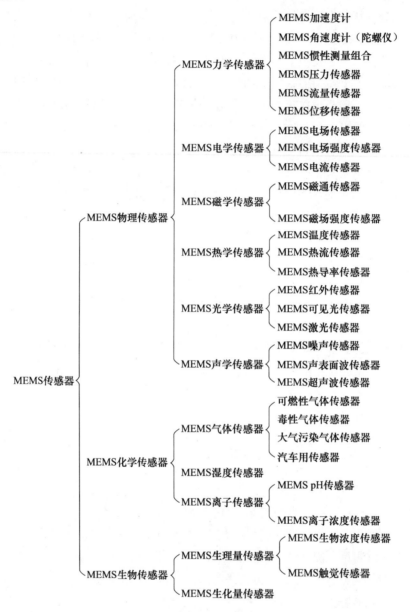

图 3-16　MEMS 传感器分类体系图

硅压阻式压力传感器是采用高精密半导体电阻应变片组成惠斯顿电桥作为力电变换测量电路的，具有较高的测量精度、较低的功耗、极低的成本。惠斯顿电桥的压阻式传感器如无压力变化，其输出为零，几乎不耗电。其电原理如图 3-17 所示。

硅压阻式压力传感器的应变片电桥的光刻版本如图 3-18 所示。

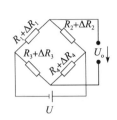

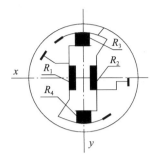

图 3-17　惠斯顿电桥电路原理图　　图 3-18　应变片电桥的光刻版本原理图

极端环境下的压力测量是石化生产、航空航天和汽车电子等领域必须突破和掌握的关键技术之一。恶劣环境通常包括热侵蚀，主要指高温环境；机械侵蚀，主要指高负载、振动和冲击等；化学侵蚀，主要指有腐蚀媒介的环境。硅压阻式压力传感器受 p-n 结耐温限制，超过 120℃ 时，传感器的性能会严重退化甚至失效；在 600℃ 时会发生塑性变形和电流泄漏，远不能满足航空航天和石油化工等领域高温环境下的压力测量。为满足对极端环境下压力测量的迫切要求，国内外开展了恶劣环境用压力传感器的研究。各研究机构的研究材料各不相同，其中 SiC 材料、SOI 材料、金刚石和光纤等新型压力传感器已成为国内外研究的重点。

美国 Kulite 传感器公司采用 6H-SiC 材料制作了压阻式压力传感器，可工作于 600℃ 的高温，输入电压为 5V。该公司还采用 BESOI 技术开发出超高温压力传感器 XTEH-10LAC-190（M）系列，工作温度为 −55℃ ～482℃。M. R. Werner 等人研制的金刚石膜压力传感器样件，可在 300℃ 环境下工作。Y. Hezarjaribi 等人于 2009 年采用 SiC 材料制作出了一种接触式 MEMS 电容式压力传感器，其膜片的直径为 150～360μm，板间的间隙深度为 0.5～6μm，当压力为 0.05～10MPa 时该传感器具有良好的线性度。由于 SiC 具有优良的电稳定性、机械强度和化学稳定性，故该传感器可用于汽车工业、航天、石油钻探及核电站等恶劣环境。

利用光纤传感技术实现温度、压力多参数组合测量是 MEMS 传感器发展的重要方向之一。Opsens 公司于 2009 年推出了用于生命科学和医学器件行业的小型 MEMS 光纤压力传感器 OPPM25，其导管外直径仅为 0.25mm，可对心脏血管的压力进行精确而可靠的测量，并可用于其他微小型化应用领域。

随着新型半导体材料和 MEMS 加工工艺、敏感元件集成设计和传感器结构设计的不断突破，新型 MEMS 压力传感器不断推出。开发新型材料用于制作恶劣环境下的 MEMS 压力传感器是今后的重要研究内容。

典型的 MEMS 压力传感器管芯（die）结构和电原理如图 3-19 所示，图 3-19a 为电原理图，即由电阻应变片组成的惠斯顿电桥，图 3-19b 为管芯内部结构图。典型的 MEMS 压力传感器管芯可以用来生产各种压力传感器产品，如图 3-20 所示。MEMS 压力传感器管芯可以与仪表放大器和 ADC 管芯封装在一个封装内（MCM），便于产品设计师使用这个高度集成的产品设计最终产品。

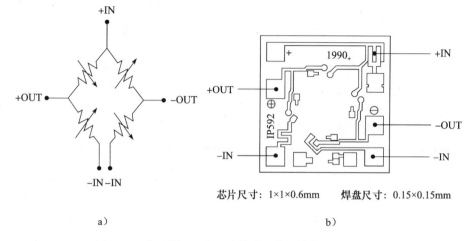

芯片尺寸：1×1×0.6mm   焊盘尺寸：0.15×0.15mm

a）   b）

图 3-19 典型的 MEMS 压力传感器管芯结构和电原理图

图 3-20 各种 MEMS 压力传感器示例图

2. MEMS 加速度传感器的原理和结构

MEMS 加速度传感器也称加速度计，用于测量载体的加速度，并提供相关的速度和位移信息。MEMS 加速度计的主要性能指标包括测量范围、分辨率、标度因数稳定性、标度因数非线性、噪声、零偏稳定性和带宽等。

MEMS 加速度计分为电容式、压电式和压阻式，这三类 MEMS 加速度计的性能比较如表 3-1 所示。

表3-1 电容式、压电式和压阻式加速度计的性能比较

技术指标	电容式	压电式	压阻式
尺寸	大	小	中等
温度范围	非常宽	宽	中等
线性度误差	高	中等	低
直流响应	有	无	有
灵敏度	高	中等	中等
冲击造成的零位漂移	无	有	无
电路复杂程度	高	中等	低
成本	高	高	低

压阻式加速度计通过压敏电阻阻值变化来实现加速度的测量，其结构、制作工艺和检测电路都相对简单。随着技术的不断提高和新材料的引用，压阻式加速度计的性能提升很快。2009 年，R. Amarasinghe 等人制作了一个超小型 MEMS/NEMS 三轴压阻式加速度计，其由纳米级压阻传感元件和读出电路构成。该加速度计制作在 N 型 SOI 晶圆上，采用 EB 光刻和离子注入工艺制作纳米级压电阻，并用 DRIE 工艺精细制作梁和振动质量块。该加速度计可在 480Hz 的频率带宽下测量正负 20g 的加速度，x、y 和 z 轴的平均测量精度为 0.416mV/g、0.412mV/g 和 0.482mV/g，具有高性能、低功耗、抗振动和耐冲击的特性。

电容式加速度计利用惯性质量块在加速度作用下引起悬臂梁变形，通过检测其电容的变化就可获得加速度的大小。2010 年，Kistler North America 公司采用硅 MEMS 可变电容传感元件制作了 8315A 系列高灵敏度、低噪声的电容式 MEMS 单轴加速度计。其中 8315A2D0 型加速度计的灵敏度达 4000mV/g，工作温度 − 55 ~ 125℃，工作电压 6 ~ 50V，可测量沿主轴方向的加速度和低频振动，具有良好的热稳定性和可靠性。电容式 MEMS 加速度计因灵敏度高、噪声低及漂移小等优势在汽车和工业领域中应用广泛。

压电式 MEMS 加速度计采用压电效应，运动时内置的质量块会产生压力，使支撑的刚体发生应变，最终将加速度转变成电信号输出。它具有尺寸小、重量轻和结构简单的优点。此外，谐振式加速度计易于实现高精度测量，也成为微传感器的一个重要发展方向。它利用振梁的力频特性，通过检测谐振频率变化获得输入加速度的大小。Draper 实验室在谐振式加速度计技术上处于世界领先地位，主要应用于对稳定性要求较高的领域。其研制的加速度计采用差分式结构，基频为 20kHz，标度因数为 100Hz/g，标度因数稳定性为 3×10^{-6}，零偏稳定性为 5μg，品质因数 Q 的典型值大于 1×10^{5}。

MEMS 加速度传感器除了向高精度、高灵敏和高集成度方向发展，在低功耗和小尺寸方面也表现出了巨大优势。超低功耗的代表产品为 2009 年模拟器件公司推出的三轴、数字加速度计 ADXL346，它采用 1.7 ~ 2.75V 单电源供电，100Hz 下供电电流为 140μA，

10Hz 下为 30μA，待机模式下为 0.2μA。R. Amarasinghe 等人制作的 MEMS/NEMS 压阻式加速计是超小尺寸的代表，尺寸为 700μm×700μm×550μm，完全能满足生物医药和其他小型化应用对空间和重量的要求。一个典型的基于 MEMS 的线性加速计结构原理图如图 3-21 所示。

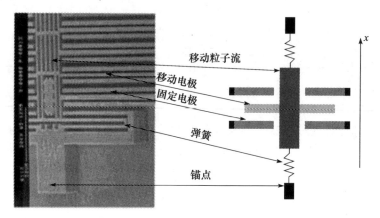

图 3-21　基于 MEMS 的线性加速计结构原理图

MEMS 加速度计可用于消费电子产品，如 Thinkpad 笔记本电脑采用 MEMS 加速度计防止振动引起的硬盘损坏使信息丢失。苹果公司的 iPhone 利用 MEMS 加速度计提升用户体验，使人机界面变得更加简单、直观，通过手的动作就可操作界面。MEMS 加速度计还可用于汽车的安全气囊系统、防滑系统、ABS 系统、导航系统和防盗系统，如 ADI 公司的 ADX105 和 ADXL50 系列单片集成电容式加速度计及摩托罗拉公司批量生产的 MMAS40G 电容式加速度计。MEMS 加速度计在医疗保健、航空航天等方面也有用武之地，如计步器利用三轴 MEMS 传感器实现健身和健康监测功能。在汽车领域，MEMS 被用于导航和信息娱乐设备中，如图 3-22 所示。

图 3-22　MEMS 加速度传感器在汽车领域的应用示例图

3. MEMS 陀螺仪的原理和结构

MEMS 陀螺仪是一种振动式角速率传感器，其特点是几何结构复杂、精准度高。MEMS 陀螺仪的关键性能指标包括灵敏度、满量程输出、噪声、带宽、分辨率、随机漂移和动态范围等。性能指标又可分为低精度、中精度和高精度。其中低精度 MEMS 陀螺仪主要用于机器人和汽车导航等对精度要求不高的场合，中精度 MEMS 陀螺仪主要用于飞机的姿态航向参考系统（AHRS）等，而高精度 MEMS 陀螺仪主要用于船舶导航和航天与空间的定位等，具体级别的参数要求如表 3-2 所示。

表 3-2 各应用级别对陀螺仪的性能要求比较表

参数指标	低精度	中精度	高精度
量程/($° \cdot s^{-1}$)	50 ~ 1000	> 500	> 400
角度随机游走/($° \cdot h^{1/2}$)	> 0.5	0.5 ~ 0.05	< 0.001
零偏稳定性/($° \cdot h^{-1}$)	10 ~ 1000	0.1 ~ 10	< 0.01
标度因子重复性/%	0.1 ~ 1	0.01 ~ 0.1	< 0.001
带宽/Hz	> 70	约 100	约 100
抗震性/($g \cdot ms^{-1}$)	1000	1000 ~ 10 000	1000

MEMS 陀螺仪基本都是谐振式陀螺仪,主要部件有支撑框架、谐振质量块及激励和测量单元。按谐振结构可分为音叉式结构、谐振梁、圆形谐振器、平衡架(双框架)、平面对称结构和梁岛结构等;按驱动方式可分为静电式、电磁式和压电式等;按检测方式又可分为压阻、压电、隧道、光学和电容式等。已研制成功的 MEMS 陀螺仪主要有音叉式、谐振梁式和双框架式几种。

AD 公司推出的 ADXRS 系列谐振梁式陀螺仪通过测量电容的变化来获得加速度值,ADXRS 将传感器元件与其他必须的处理电路元件集成在同一芯片上,功能比较完整,具有较高的电容和位移测量精度,可用于工业和航空航天领域。

AD 公司在 2010 年推出了多款 ADXRS 系列产品,其中 ADXRS652 的测量范围为 ±250°/s,灵敏度为 7mV/(°)/s,带宽为 0.01 ~ 2500Hz,测量范围为 ±250°/s,抗冲击能力达 2000g。其采用了表面微加工工艺,具有高性价比、功能完整、低功耗、抗振动和冲击的优点。

ADXRS450 iMEMS 陀螺仪和 ADXRS453iMEMS 陀螺仪为 AD 公司的低功耗、抗振动和冲击的代表产品,功耗都仅为 6mA,采用先进的差分四传感器设计,可在强烈冲击和振动状态下精确工作。ADXRS450 的线性加速灵敏度为 0.03°/s/g,加速校正仅为 0.003°/s/g^2。ADXRS453 是目前业界较为稳定的抗振动 MEMS 陀螺仪,在线性加速期间能实现 0.01°/s/g 的灵敏度,可检测 ±300°/s 的角速率。

音叉式陀螺仪的优点是工作中心稳定,能够补偿片内力和力矩,无需特殊处理就可固定敏感元件。Z. Y. Guo 等人于 2009 年采用体加工技术制作出一款横轴谐振音叉结构的陀螺仪(TFG),采用新型的驱动梳状电容器将机械耦合从传感模式解耦到驱动模式。该 TFG 在大气环境下的测试表明,灵敏度为 17.8mV/(°)/s,非线性为 0.6%,零偏稳定性为 0.05°/s,可用于组合低成本的单片微型 IMU,无需真空封装。

MEMS 陀螺仪发展较快,小尺寸、高性能和低功耗的新产品不断涌现。业界较高精度的陀螺仪为 2010 年 Sensonor Technologies AS 推出的多轴 MEMS 陀螺仪 STIM202,其零偏稳定性仅为 0.5°/h,量程范围为 ±400°/s,随机游走 0.2°/s/$h^{1/2}$,灵敏度精度为 ±1%。STIM202 精度高、可靠性高且成本低廉,性价比优于同精度等级的 FOG 光纤陀螺仪。小尺寸的代表产品为 Silicon Sensing 公司于 2010 年 11 月推出的 PinPoint 单轴陀螺仪,其尺寸为 6mm × 5mm × 1.2mm,重 0.08g。

当前 MEMS 陀螺仪的发展速度比 MEMS 加速度计更快。虽然有大量资料论述如何采用各种先进的制作技术,如 SOI 技术来提升 MEMS 陀螺仪的特性,但二轴 MEMS 陀螺仪的性能已满足精度要求较低的应用场合。而用于导航和空间定位的高分辨率三轴 MEMS 陀螺仪目前正处于研究阶段。

其他非谐振式新型 MEMS 陀螺仪有悬浮转子式 MEMS 陀螺仪、MEMS 集成光学陀螺仪和微原子陀螺仪等。悬浮转子式微陀螺仪是一种静电力悬浮支承并高速旋转的扁平微转子,具有微小型化、低功耗及惯性导航级精度。微集成光学陀螺仪具有无运动部件、灵敏度高、无需真空封装、动态响应范围较大、抗电磁干扰能力较强及可在恶劣环境下使用等特点。

MEMS 陀螺仪相比传统的陀螺仪具有体积小、重量轻、可靠性高、功耗低、易于数字化和智能化等一系列优点,已在航空、航天、航海、汽车、生物医学和环境监控等领域得到了应用。MEMS 陀螺仪可为各种消费类电子产品,如手机、照/摄相机增值,增加图像稳定性、提供步行导航并改进用户界面。MEMS 陀螺仪的研究主要集中于汽车和导航级应用,在汽车工业中可用于 GPS 导航、汽车底盘控制系统和安全制动系统。此外,微型低功率导航集成微陀螺可满足小型平台,包括微型无人机、水下无人潜航器和微型机器人进行无 GPS 导航的技术要求。

3.5.3　MEMS 传感器的特性

MEMS 传感器的主要有如下几种特性。

1. 微型化

借助于现代微机电技术、光电技术、纳米技术的发展,MEMS 传感器越来越趋向于微型化,这对于技术的发展和应用的拓展都是非常有好处的。

2. 智能化

传感器及其网络都在不断朝着智能化的方向发展,MEMS 传感器当然也不例外。传感器只有变得越来越智能化,才能满足越来越多的应用,才能在未来的智慧城市和智慧地球中发挥不可限量的作用。

3. 多功能

MEMS 传感器的功能越来越多,各类不同的 MEMS 传感器可以集成在一起,实现多种不同的功能。

4. 高集成度

MEMS 传感器相对于传统传感器而言更易于集成,不仅能与其他电子设备集成,本身也可以高度集成,实现多功能于一体。

5. 适于大批量生产

MEMS 传感器利用最先进的微机电技术,技术一旦成熟,便可大批量、大规模生产,便于投资人及时收回投资。

3.5.4　MEMS 传感器的应用

MEMS 传感器不仅种类繁多，而且用途广泛。作为获取信息的关键器件，MEMS 传感器对各种传感装备的微型化发展起着巨大的推动作用，已在太空卫星、运载火箭，航空航天设备、飞机、各种车辆、生物医学及消费电子产品等领域中得到了广泛的应用。MEMS 传感器的典型应用如表 3-3 所示。

表 3-3　MEMS 传感器的应用领域简表

应用领域	产品或系统	所用 MEMS 传感器示例
消费电子	手机、数码相机、音乐播放器和笔记本电脑等	加速度计和陀螺仪及惯性测量组合（IMU）等
汽车工业	汽车的安全系统、制动防抱死系统（ABS）、发动机系统和动力系统等	压力传感器、加速度计、微陀螺仪、化学传感器、气体传感器和指纹识别传感器等
航空航天、空间应用	微型惯性导航系统、空间姿态测定系统、动力和推进系统、控制和监视系统和微型卫星等	加速度计、陀螺仪、压力传感器、惯性测量组合（IMU）、微型太阳和地球传感器、磁强计和化学传感器等
生物医疗保健	临床化验系统、诊断和健康检测系统、灵巧药丸输送系统、心脏起搏器和计步器等	生物传感器、压力传感器、集成加速度传感器和微流体传感器等
机器人	飞行类机器人的姿态控制系统	加速度计、陀螺仪和惯性测量组合等
传感网	基于 MEMS 的环境监测系统等	压力、湿度、温度、生物、腐蚀、气体和气体流速等多种传感器

制造技术的日益精进使 MEMS 传感器的参数指标和性能不断提高，与多种学科的交叉融合又使传感器不断推陈出新，应用领域不断拓宽。

3.6　光纤传感器的封装

3.6.1　光纤传感器的封装技术

由于裸的光纤光栅直径只有 $125\mu m$，在恶劣的工程环境中容易损坏，只有对其进行保护性的封装（如埋入衬底材料中），才能使光纤光栅具有更稳定的性能，延长其寿命。同时，通过设计封装的结构，选用不同的封装材料，可以实现温度补偿，应力和温度的增敏等功能，这类"功能型封装"的研究正逐渐受到重视。

1. 温度减敏和补偿封装

由于光纤光栅对应力和温度的交叉敏感性，在实际应用中，经常在应力传感光栅附近串联或并联一个参考光栅，用于消除温度变化的影响。这种方法需要消耗更多的光栅，增加了传感系统的成本。若用热膨胀系数极小且对温度不敏感的材料对光纤光栅进行封装，将很大程度上减小温度对应力测量精确性的影响。

另外，采用具有负温度系数的材料进行封装或设计反馈式机构，可以对光纤光栅施加一定应力，以补偿温度导致的布拉格波长的漂移，使 $\Delta\lambda/\lambda_0$ 的值趋近于 0。对于封装的光纤布拉格光栅而言，其波长漂移 $\Delta\lambda$ 与应变 ε 和温度变化 ΔT 的关系式可表示为式（3-6），基于弹性衬底材料的光纤光栅温度补偿关系式为

$$\varepsilon = \frac{a + \xi + (a_s - a)}{p_e - 1}\Delta T \tag{3-6}$$

式中，$\xi = (1/n)(\mathrm{d}n/\mathrm{d}T)$；$p_e = (-1/n)(\mathrm{d}n/\mathrm{d}\varepsilon)$；$a = (1/L)(\mathrm{d}L/\mathrm{d}T)$。实验表明，采用负温度系数的材料对光纤光栅进行封装，可以在 $-20℃ \sim 44℃$ 温度区获得波长变化仅为 0.08nm 的温度补偿效果。

2. 应力和温度的增敏封装

光纤布拉格光栅的温度和应变灵敏度很低，灵敏度系数分别约为 1.13×10^{-2}nm/℃ 和 1.2×10^{-3}nm/με，难以直接应用于温度和应力的测量中。对光纤光栅进行增敏性封装，可实现微小应变和温度变化量的"放大"，从而提高测量精度，同时使传感器的测量范围得以扩展。

（1）温度增敏封装

在无应变条件下

$$\Delta\lambda = \lambda_0[a + \xi + (1 - p_e)(a_s - a)]\Delta T \tag{3-7}$$

选用大热膨胀系数材料作为衬底材料，可设计出不同类型的温度增敏传感器。研究表明，选用有机材料、金属或合金等材料可以较大地提高光纤光栅的温度灵敏度系数，如用一种热膨胀系数很大的混合聚合物对光纤光栅进行封装，在 $20℃ \sim 80℃$ 范围内可将光纤光栅的温度灵敏度提高 11.2 倍。

（2）应力增敏封装

用杨氏模量较小的材料对光纤光栅进行封装后将传感头置于应力场中，由于基底材料与光栅紧密粘接，产生较大应变的基底材料将对光栅产生带动作用，增加光栅的轴向应变，从而增加布拉格波长的漂移量，使光纤光栅传感器具有更大的应力灵敏度。

2001 年，Zhang Y 等将光纤布拉格光栅置于金属圆筒内后用硅胶封装，制成了高灵敏度的压强传感器，其应力灵敏度达到了 -3.41×10^{-3}MPa^{-1}，是裸光栅的 1720 倍。2004 年，Sheng 等人制成了一种侧向压强传感器，可将外界对基底的侧向压强转化为光纤光栅的轴向应变，其灵敏度达到了 -2.2×10^{-3}MPa^{-1}，是裸光栅的 10900 倍，使光纤光栅传感器应用于测量液压和气压等低压强的测量成为可能。

3. 其他功能型封装

通过设计不同的封装方式和外场施加方式，可以使光纤光栅实现更多的功能。将光纤光栅分段嵌入两种不同的基底材料中（如图 3-23b 所示），由于两段光栅将具有不同的

应力和温度灵敏度，可以实现温度和应力的同时测量，从而解决了应力温度的交叉敏感问题；如果基底材料的横截面积沿光纤方向呈梯度分布（如图3-23c所示），那么对基底施加轴向应力时，光栅将受到应力梯度的作用，光纤布拉格光栅转化可调谐啁啾光栅，此装置有望应用于光纤的色散补偿中。

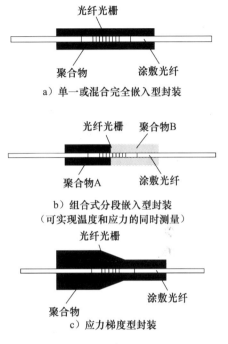

a）单一或混合完全嵌入型封装

b）组合式分段嵌入型封装
（可实现温度和应力的同时测量）

c）应力梯度型封装

图3-23 光纤光栅传感器的封装

3.6.2 光纤光栅应变传感器的封装

1. 粘贴式光纤布拉格光栅应变传感器

在获取结构表面的应变中，传感器与结构表面的粘贴是非常重要的因素，直接将光栅粘贴于结构表面是困难的，如图3-24所示。

在图3-24a中，传感器由布拉格波长为 λ_B 的光纤布拉格光栅（传感元件）组成。该光栅粘贴于 $l \times d \times h$ 铜片（敏感元件）传感面 $a \times a$ 线槽内。在传感时，铜片上未贴光纤布拉格光栅的平面被粘贴于被测物体的表面。在图3-24b和c中，当传感器的敏感元件（铜片）受拉或受压时，粘贴在线槽内的光纤布拉格光栅将随之在纵向拉伸或压缩。光纤中的应变可引起光栅间距和折射率的光弹效应，当光纤的纵向应变为 ε_f 时，波长偏移为 $\Delta\lambda_B = \lambda_B(1-p_e)\varepsilon_f$，式中 p_e 为光纤有效光弹常数。

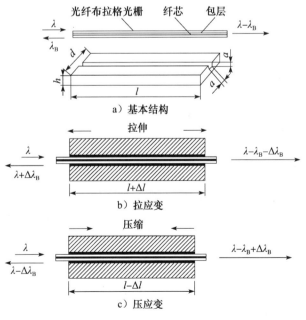

a）基本结构

b）拉应变

c）压应变

图3-24 光纤光栅粘贴所受的影响

考虑光纤与铜片粘贴后形成的应变梯度，布拉格波长的偏移与铜片的应变 ε_c 之间的关系可表示为 $\Delta\lambda_B = C_{c-f}\lambda_B(1-p_e)\varepsilon_c$，式中 C_{c-f} 为光纤与铜片间的粘贴系数。

为便于保护，传感器被封装于图 3-25 所示的盒子里，光纤从盒子两侧的小孔引出。

如图 3-25 所示铜片上贴有光纤布拉格光栅的平面面向盒内，以便保护光纤光栅和光纤引线；而另一面则背向盒子，以便粘贴于被测物的表面。为防止潮湿对光纤的侵蚀和破坏，盒子内可注入柔性硅胶。

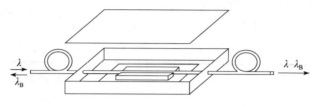

图 3-25　封装于盒子内的传感器

2. 埋入式光纤光栅传感器的封装结构

光纤光栅传感器所用光纤与普通通信用光纤基本相同，都由纤芯（core）、包层（cladding）和涂覆层（coating）组成。光纤纤芯的主要成分为二氧化硅，其中含有极微量的二氧化锗用以提高纤芯的折射率，与包层形成全内反射条件将光限制在纤芯中。用于刻写光栅的单模光纤其纤芯直径为 $9\mu m$，包层主要成分也为二氧化硅，直径为 $125\mu m$。

涂覆层一般为环氧树脂、硅橡胶等高分子材料，外径为 $250\mu m$，用于增强光纤的柔韧性、机械强度和耐老化特性，其示意图如图 3-26 所示。

布拉格光栅是利用光纤的紫外敏感特性，在光纤的一段范围内沿光纤轴向使纤芯折射率发生周期性变化而形成的芯内体光栅，其长度一般为 $10mm$ 左右。

布拉格光栅中心波长与光栅栅距的关系为 $\lambda_b = 2n\Lambda$，其中，λ_b、n 和 Λ 分别为光栅的布拉格中心波长、平均折射率和光栅栅距。当光栅发生

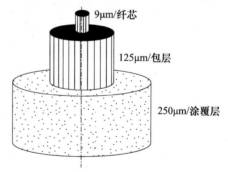

图 3-26　埋入式光纤光栅传感器封装结构示意图

应变时，其波长会产生变化，二者的关系为 $\dfrac{1}{\lambda_b}\dfrac{\Delta\lambda_b}{\varepsilon} = 0.78 \times 10^{-6}/\mu\varepsilon$。

因此，通过测量埋入光纤光栅反射光波长的变化可得知该点处结构的应变。可以在一根光纤上刻写多个中心波长不同的布拉格光栅进行波分多路复用，同时测量多点处的应变，构成准分布式传感网。

但为准确地监测结构应变，必须首先明确布拉格光栅所测应变与结构真实应变的关系。埋入式封装光纤光栅传感器的应变传递，即将光纤光栅通过环氧树脂等胶直接粘贴在毛细钢管内壁上，这样在光纤光栅和毛细钢管内壁之间存在中间粘贴层。由于光纤光

栅所感受到的应变为胶接层内表面的应变，与毛细钢管内壁实际应变（胶接层外表面的应变）不同，可推导出光纤光栅应变与毛细钢管内壁之间的关系，其封装示意图如图3-19所示。

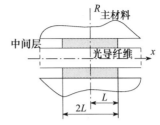

a）光纤光栅截面图

其中图3-27a为标距长度为 $2L$ 的光纤光栅传感部分，毛细钢管承受均匀轴向应力；图3-27b为1/4光纤光栅的纵剖面图。

该模型与 Ansari 等推导基于白光 Michelson 干涉原理的光纤传感器所用模型基本相同，只不过它们将带有涂敷层的光纤直接埋入混凝土中，此时光纤和结构之间的中间层为涂敷层。这两种封装方式都相当于3个同心的柱环结构，最外层结构内表面的轴向应变通过中间层的剪应力传递给中间层内表面的光纤。

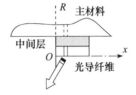

b）1/4光纤光栅截面图

图 3-27   光纤光栅的纵剖面图

经验表明：传感器体积越小，越容易与被测构件紧密结合，作为测试构件应变的传感器对被测构件性能的影响就越小，就越能真实反应构件的应变。因此，可采用如图3-28所示结构对裸光栅进行封装，制作光纤光栅应变传感器。具体方式如下：首先将光纤光栅粘贴在一薄铜片上，然后再作适当的保护，

图 3-28   裸光纤光栅的封装

制成光纤光栅应变传感器。实际测试时，将封装有光纤光栅的铜片粘贴于被测构件的表面，构件的应变则经胶粘剂传递到铜片及光纤光栅上，通过测量光纤光栅谐振波长的变化即可推测构件的应变大小。

3. 工字型钢柱封装光纤布拉格光栅应变传感器（ISPPS-FBG）

封装结构如图3-29所示（图中量的单位为厘米）。将光纤布拉格光栅沿轴向用丙烯酸胶粘贴在小圆柱上预割的槽道中点位置，待粘贴牢固后，用环氧树脂将槽道封死以保护光栅。为了加大基体与 ISPPS-FBG 间的锚固强度，在小圆柱两端分别设计了两个大直径圆柱。整个封装结构由整根钢料加工而成，整体性好。ISPPS-FBG 的标距为 10cm，是混凝土粗骨料最大粒径的三倍，可满足实验要求。ISPPS-FBG 的测量是标距内的平均应变。在 ISPPS-FBG 两端突出圆柱上预留出直径为 2mm 的小孔，以方便用抽管法埋设。该封装工艺采用钢材作为封装材料，同混凝土、环氧树脂材料相比，质地均匀，其弹性模量容易获得，便于进一步分析。

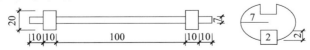

图 3-29   光纤光栅传感器的工字形封装

4. 钢管封装光纤布拉格光栅温度传感器（STPT-FBG）

如图 3-30 所示，本封装工艺基本原理是将光纤布拉格光栅与应变隔绝，使之只能感受到环境温度的变化。制作方法首先是将光栅用外径为 1.2mm、内径为 0.8mm 的钢管套装；然后用环氧树脂将套管与传输段光纤粘结在一起，使光栅的一端固定，一端自由；最后将套管的另一端密封。

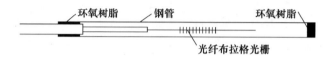

图 3-30　光纤光栅传感器的钢管封装

3.6.3　光纤光栅温度传感器的封装

1. 光纤光栅温度传感器金属基片式封装结构

光纤光栅这一新型光子器件自问世起就一直为人们所重视。近年来，光纤光栅在传感和通信领域的应用研究尤为引人注目。作为传感元件，光纤光栅将被感测信息转化为其反射波长的移动，即用波长编码，因此不受光源功率波动和系统损耗的影响。此外，光纤光栅具有可靠性好、抗电磁干扰、抗腐蚀等特点。光纤光栅温度传感器由于具有上述优点使其能够应用于其他类型的温度传感器所不适合的场所，如：材料或结构温度场的直接监测、高温高压环境下温度的测量、测量精度要求较高的场合以及光纤光栅传感网络的温度补偿等。正是由于这些原因使得光纤光栅温度传感器越来越受到人们的重视。本文通过对结构的优化设计研制了一种新颖的光纤光栅温度封装结构，并研究了该结构封装光纤光栅的温度传感特性。

在光纤光栅温度传感器的设计中应考虑以下几个方面：首先，由于光纤光栅的温度系数较小，其单独作为温度传感单元的灵敏度不高，为了提高灵敏度可将光纤光栅粘贴于热膨胀系数较大的基底材料上；其次，在设计中还要考虑实际应用中温度与应力的关系问题；最后，传感器封装过程中材料与结构设计要能够保证传感器在实际使用中的安全性和稳定性。综合以上因素我们设计了一种结构来解决温度测量过程中的应力关系问题，并且在充分保护光纤光栅的基础上提高了灵敏度，其结构简图如图 3-31 所示。

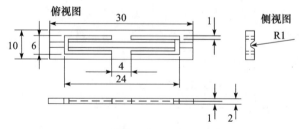

图 3-31　光纤光栅温度传感器的封装

在一个长为40mm，宽为10mm的薄铁片上开一个对称结构的槽（金属基片的尺寸根据待测构件的大小以及应用环境酌情考虑），这样金属基片就形成了内外两个矩形结构（见图3-31），然后在内部的矩形上开一个横向的凹槽用来放置光纤光栅（见图3-31），在使用的过程中，将光纤光栅用选配的环氧树脂胶粘试剂刚性地对称粘贴于金属基片的中心部位上，整个结构只通过外层矩形结构与待测构件进行固定，从而保持内部结构不受应力的作用，来完成温度的独立测量。

2. 光纤光栅温度传感器的封装方法

为满足实际应用的要求，在设计光纤光栅温度传感器的封装方法时，要考虑以下因素：①封装后的传感器要具备良好的重复性和线性度；②必须给光纤光栅提供足够的保护，确保封装结构有足够的强度；③封装结构必须具备良好的稳定性，以满足长期使用的要求。

在进行封装结构的设计时，首先，考虑了将光纤光栅用胶封装在毛细钢管中。结构形式如图3-32所示。在制作过程中发现，由于毛细钢管很细，所以很难将胶均匀地充满在毛细钢管中，因此，该结构不能方便制作。而且，在胶的固化过程中，毛细钢管中会产生气泡，这将导致光栅的受力不均匀，很容易对光栅产生破坏。为了避免在毛细钢管中灌胶，设计了如图3-33所示的封装结构。

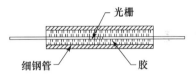

图 3-32　光纤光栅传感器的毛细钢管封装

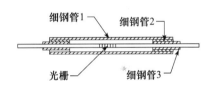

图 3-33　光纤光栅传感器的多空

封装所用的细管为不锈钢管。细钢管1、细钢管2和细钢管3的外径依次为2.0mm、1.5mm、1.0mm，长度依次为50mm、10mm、15mm。各钢管之间及最内层钢管和光纤之间用胶粘接。

在实验中发现，对于采用图3-33所示结构封装的温度传感器，在封装时给光纤光栅施加一定的预张力，就可以使传感器具备良好的重复性。

3. FBG温度传感器的封装及分析

采用的FBG（Fiber Bragg Gratings，光纤布拉格光栅）利用相位母板复制法制作而成。FBG被写在普通掺H光纤上，制作时涂敷层被剥除，直径仅为$125\mu m$，抗剪能力很差，容易折断。在实际工程应用中，为保证FBG传感器安装时不受损坏，必须采取封装措施对其进行保护。一般而言，在中心波长为1550nm附近时，光栅对温度的响应度为$13pm/℃$，对应力的响应度为$1.2pm/\mu\varepsilon$。根据FBG写入方式和退火工艺的不同，不同FBG的传感灵敏度会有所差别，尤其是经过封装以后，封装材料将会对FBG的温度敏感性有很大的影响。因此，封装后的FBG必须经过重新标定才能用于实际测量。

图3-34所示为一种改进的Al盒封装方式。Al盒长为30mm，宽为7mm，厚为2mm，盒内部有一弧形小槽，宽为2mm，深为1mm。FBG弯曲放置在里面，分等长的3段考虑，中间的1/3段粘在小槽上，另外2/3处于自由状态，FBG外的两端也尽量松弛，不受拉

力。然后，在小槽两端用结构胶将光纤固定，待两端固定后，往弧形小槽内填充不固化的导热膏，加盖封装。

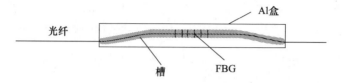

图 3-34　一种改进的 Al 盒封装方式

经封装后，由于 FBG 弯曲，盒内 FBG 两端的光纤处于松弛状态，使轴向应力不会传递到 FBG 上。弧形小槽内填充物为膏状，不固化，对外界应力有缓冲和吸收的作用，因此小槽内的 FBG 不会受到外界应力的影响。

封装后 FBG 的热光系数并没有改变，但 FBG 和导热膏及 Al 盒封装在一起，Al 盒的热膨胀系数很大，当温度发生变化时，Al 盒膨胀，FBG 会受到拉应力，长度发生变化，增大了中心波长的漂移，起到温度增敏的作用。封装后，FBG 中心波长与温度的变化关系为

$$\Delta\lambda = \lambda_B [a + Y + (1 - P_{ei})(a_{sub} - a)]\Delta T$$

式中，a_{sub} 是 Al 的热膨胀系数，一般为 $23 \times 10^{-6}/℃$。利用 FBG 纵向表达式为 $\varepsilon_z = \Delta L/L$，其中，$L$ 为 FBG 的总长度，ΔL 为 FBG 的伸长量。Al 盒受到热膨胀时引起的应变即为 $(a_{sub} - a)\Delta T = \Delta L/L$，长度变化为 $\Delta L = L(a_{sub} - a)\Delta T$，由于 FBG 只有 1/3 粘在基底材料（Al 盒）上，当温度变化时，长度变化为 $\Delta L = (a_{sub} - a)\Delta T \times L/3$，整个 FBG 受到的应变为 $\Delta L/L = (a_{sub} - a)\Delta T/3$，因此封装后中心波长与温度变化的关系为

$$\Delta\lambda = \lambda_B [a + Y + (1 - P_{ei})(a_{sub} - a)/3]\Delta T$$

通过计算可知，封装后 FBG 的温度灵敏度为 20.2pm/℃。

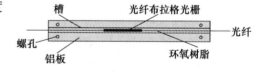

图 3-35　光纤光栅的钻槽封装工艺

4. 光纤光栅铝槽封装工艺

光纤光栅的铝槽封装工艺如图 3-35 所示，即将光纤光栅用环氧树脂封装在一个刻有一细槽的铝条（其横截面为长方形）内，槽与铝条中轴线平行，铝质为铸造铝合金。封装时，尽量保证光纤光栅平直，并位于槽的底面轴线上。注入环氧树脂时，要适当加热，以增加其流动性，保证槽内充满，并减小形成气泡的可能性，确保树脂不溢出槽外，以便于加盖保护铝片。在铝板上有四个螺孔，左边的两个螺孔用来将铝条固定到被测物体上，而右边的两个螺孔兼有将铝条固定到被测物体和将保护铝盖片固定到铝条上的双重作用，盖片和铝条的长度分别为 5cm 和 4cm，铝槽宽和深分别为 1.5mm 和 1.2mm。封装后光纤光栅很容易被固定到被测物体上，并且铝盖片不影响被测物体将应变和温度传递到光栅，便于测量使用。文献提到毛细钢管封装光栅适合在建筑物建造的过程中嵌入其中，而铝槽封装光栅无论是在建筑物被建造过程中还是竣工以后的使用过程中都比较容易被固定到被测物体上进行测量。

5. 耐高温 FBG 温度传感器的设计

在进行耐高温温度传感器设计时，开始考虑用聚合物封装在细钢管中，结构如图 3-36 所示，由于钢管很细，很难将胶均匀地密封在细钢管中。而且，由于无法给光纤光栅施加预应力，光纤光栅在封装后，处于相对自由状态，可能弯曲，且弯曲方向不固定。所以，细钢管和光纤光栅之间是一种不确定的关系，在温度升高时，波长漂移的线性度不好，重复性不好。如果选用聚合物胶，由于聚合物在固化过程中发生收缩，会产生光纤光栅的啁啾化。因此，必须对此方案进行改进，使封装后的光纤光栅保持张紧状态，在外界温度变化时，使传感器有良好的稳定性、重复性。

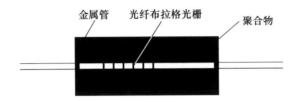

图 3-36 光纤光栅的耐高温封装图

改进的光纤光栅温度传感器结构图如图 3-37 所示。选用的密封胶采用两端密封的办法，避免了聚合物固化过程中对光纤光栅的影响而产生的啁啾现象。这种结构的温度传感器中间有螺纹，在封装过程中，用于给光纤光栅施加一定的预应力，而且可以调节施加的光纤光栅预应力的大小。这样，在封装好光纤光栅后，光纤光栅一直处于张紧状态，光纤光栅和细钢管之间会保持良好的受力关系。

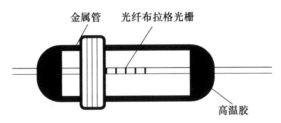

图 3-37 改进的光纤光栅温度传感器结构图

习题 3

1. 光纤的工作原理是什么？光纤传感器的一般原理是什么？
2. 光纤传感器的典型特征有哪些？
3. 典型的光纤传感器有哪几种？简述其基本工作原理。
4. 什么是分布式光纤传感器？试论述分布式光纤传感器与光纤传感器网络的异同点。
5. MEMS 传感器的工作原理是什么？举例说明几种 MEMS 传感器新技术。
6. 试设计一种复合光纤传感器（要求尺寸小、多功能、集成化、光纤复用）。

参考文献

[1] 刘迎春，等. 传感器原理设计与应用［M］，3 版. 长沙：国防科技大学出版社，2000.

[2] 曲波，肖圣兵，吕建平. 工业常用传感器选型指南[M]. 北京：清华大学出版社，2002.

[3] 刘迎春，叶湘滨. 现代新型传感器原理与应用[M]. 北京：国防工业出版社，1998.

[4] 李科杰. 新编传感器技术手册[M]. 北京：国防工业出版社，2001.

[5] 刘广玉，陈明，吴志鹤，樊尚春. 新型传感器技术及应用[M]. 北京：北京航空航天大学出版社，1995.

[6] 刘爱华，满宝元. 传感器原理及应用[M]. 北京：人民邮电出版社，2006.

[7] 张森. 光纤传感器及其应用[M]. 西安：西安电子科技大学出版社，2011.

[8] 黎敏，廖延彪. 光纤传感器及其应用技术[M]. 武汉：武汉大学出版社，2008.

[9] 彭利标，田野，李冰玉. 光纤传感器及其应用[J]. 电子设计工程，2014，21.

[10] 廖延彪. 光纤传感技术与应用[M]. 北京：清华大学出版社，2009.

[11] 张伟刚. 光纤光学原理及应用[M]. 天津：南开大学出版社，2008.

[12] 张旭苹. 全分布式光纤传感技术[M]. 北京：科学出版社，2013.

[13] 刘宇. 光纤传感原理与检测技术[M]. 北京：电子工业出版社，2011.

❖第4章❖ 成像传感器

成像传感器（或称感光元件）是一种将光学图像转换成电子信号的设备，它被广泛地应用在数码相机和其他电子光学设备中。早期的图像传感器采用模拟信号，如摄像管（video camera tube）。随着数码技术、半导体制造技术以及网络的迅速发展，目前市场和业界都面临着跨越各平台的视讯、影音、通信大整合时代的到来，勾画着未来人类的日常生活的美景。尤其是数码相机产品，其发展速度可以用日新月异来形容。成像传感器将发挥越来越重要的作用。本章将详细介绍各种成像传感器的工作原理和应用。

4.1　成像传感器的物理基础

4.1.1　成像传感器简介

成像物镜将外界照明光照射下的（或自身发光的）景物成像在物镜的像面上（焦平面），并形成二维空间的光强分布（光学图像）。能够将二维光强分布的光学图像转变成一维时序电信号的传感器称为成像传感器。成像传感器输出的一维时序信号经过放大和同步控制处理后，传送给图像显示器，可以还原并显示二维光学图像。当然，成像传感器与图像显示器之间的信号传输与接收都要遵守一定的规则，这个规则称为制式。例如，广播电视系统中规定的规则称为电视制式（NTSC、PAL、SECAM），还有其他的一些专用制式。按电视制式输出的一维时序信号被称为视频信号。

成像传感器的种类很多，根据图像的分解方式可将成像传感器分成三种类型，即光机扫描光电成像传感器、电子束扫描成像传感器和固体自扫描成像传感器。

固体自扫描成像传感器是 20 世纪 70 年代发展起来的成像传

感器件，如面阵 CCD 器件、CMOS 成像传感器件等；这类器件本身只有自扫描功能。例如，面阵 CCD 固体摄像器件的光敏面能够将成像于其上的光学图像转换成电荷密度分布的电荷图像。电荷图像可以在驱动脉冲的作用下按照一定的规则（如电视制）一行行地输出，形成图像信号（或视频信号）。

上述三种扫描方式中，电子束扫描方式由于电子束摄像管逐渐被固体成像传感器所取代已逐渐退出舞台。目前光机扫描方式与固体自扫描方式在光电成像传感器中占据主导地位，但是，在有些应用中通过将一些扫描方式组合起来，能够获得性能更为优越的成像传感器，例如，将几个线阵拼接成成像传感器或将几个面阵成像传感器拼接起来，再利用机械扫描机构，形成一个视场更大、分辨率更高的成像传感器，以满足人们探索宇宙奥秘的需要。

成像传感器的扫描方式有两种：逐行扫描和隔行扫描。

4.1.2 光导摄像管的物理基础

光导摄像管是视频摄像机中进行光电转换的一种主要的真空光电器件，是将光的图像转换成电视信号的专用电子束管。光导摄像管出现于 20 世纪 60 年代，在其后性能得到很大改善，广泛应用于电视摄像等方面。

1. 光导摄像管的基本作用

作为摄像装置，光导摄像管有三个作用：可将图像的像素图转换为相应电荷图，可将电荷图暂存起来及可将各个像素依次读出。

2. 光导摄像管的结构

光导摄像管的结构如图 4-1 所示，在真空管的前屏幕上设置有光电导膜和透明电导膜的阵列小单元。由电子枪射出的电子经过电子透镜聚焦成电子束射向光电导膜。通过电子束扫描，读取存储在光导电子靶面上的由于入射激光的激励所产生的电子图像。

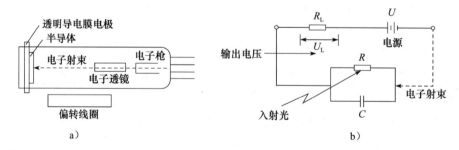

图 4-1　光导摄像管的结构和等效电路

3. 光导摄像管的组成原理

光导摄像管主要由如下几个部分组成：

1）光电转换器：其作用是将输入景物光的图像转换成电荷图像。光电转换器有光电发射型和光电导型两种。

2）电荷的积累和存储部分：在光电转换器产生电荷图像或电子密度图像的同时，在一帧时间里不断地在储荷介质上积累电荷，以提高灵敏度。

3）电子束阅读部分：由储荷介质将电荷图像转变成电位图像，经过扫描电子束阅读转变成视频输出信号。电子束阅读有快速和慢速两种方式。

4）放大级：摄像管中采用的信号放大方式有移像式增益、靶面次级发射增益、电子激发电导和次级电子电导增益等。

4. 光导摄像管的成像过程

光导摄像管的成像过程如下。反束光导摄像管前壁是光电阴极，进入系统的光像到达光电阴极后，产生光电效应，由光子激发出电子来，各点发出来的电子数目正比于光像的光照强度，在光电阴极上形成电子密度像。

激发电子穿过金属栅栏打到靶极，靶极受高速电子的轰击产生二次电子发射。二次电子被金属栅网所捕获，靶极因逸出二次电子而带正电，形成电位像。靶上电位高处对应于景物的亮点，电位低处对应于景物的暗点。

用电子枪准确地瞄准靶极上的点并对靶面进行扫描（所以又称电子扫描成像为像面扫描成像）。靶面上点从电子束中摄取电子，使靶极达到零电位。从电子枪中射出的电子束的电子数目是固定不变的，但靶面各点吸收电子的数目却因各点的电位高低而不同，返回的剩余电子数形成了图像信号，即图像的亮点，使靶上对应点的电位高，则从电子束中吸收的电子数就多，剩余返回的电子数少；反之，电子数多。于是，返回电子数的多少能反映出图像上各点的暗亮程度。

为了提高输出信号的强度，在电子枪外套有一组电子倍增器。返回的电子被收集极吸取后，再一次利用二次电子发射效应，将电流逐级倍增。假如一个返回电子撞击收集极打出 n 个二次电子，那么有 m 个倍增级就可把信号放大 nm 倍。最后输出的信号，即输出的图像信息称为视频信号。

4.1.3 固态摄像器件的物理基础

固体自动扫描成像传感器是 20 世纪 70 年代发展起来的新型成像传感器件，如面阵 CCD 器件、CMOS 成像传感器件等，这类器件本身具有自扫描功能。例如面阵 CCD 固体摄像器件的光敏面能够将成像于其上的光学图像转换成电荷密度分布的电荷图像，它可以在驱动脉冲的作用下按照一定的规则一行行地输出，形成图像信号或视频信号。

具体工作原理请参见 4.2 节和 4.3 节。

4.1.4 热红外成像的物理基础

热红外成像技术是一门获取和分析来自非接触热成像装置的热信息的科学技术。就像照相技术意味着"可见光写入"一样，热成像技术意味着"热量写入"。热成像技术生成的图片被称作"温度记录图"或"热图"。

红外热像图和可见光图的比较如图4-2所示。

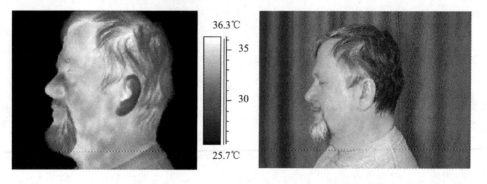

图4-2　红外热像图和可见光图的比较

热红外成像传感器采用非接触遥感检测技术，不同于红外测温技术，无需接触被测物就可以安全直观地找到发热点。红外热成像传感器绘制的一张二维画面，可以体现被测范围所有点的温度情况，具有良好的直观性；还可以比较处于同一区域的物体的温度，查看两点间的温差等。红外热成像传感器可实时快速扫描静止或者移动的目标，并实时传输到电脑进行分析监控。

1800年，英国天文学家William Herschel（如图4-3所示）用分光棱镜将太阳光分解成从红色到紫色的单色光，依次测量不同颜色光的热效应。他发现，当水银温度计移到红色光边界以外，人眼看

图4-3　William Herschel发现红外线

不见任何光线的黑暗区的时候，温度反而比红光区更高。反复实验证明，在红光外侧，确实存在一种人眼看不见的"热线"，后来称为"红外线"，也就是"红外辐射"。

事实上，红外线普遍存于自然界中，任何温度高于绝对零度（-273.16℃）的物体都会发出红外线，比如冰块，如图4-4所示。

图4-4　冰块的红外辐射图

通常将波长大于红色光线波长 0.75μm、小于 1000μm 的这一段电磁波称作"红外线",也常称作"红外辐射"。红外线按照波长不同可以分为:近红外(0.75~3μm)、中红外(3~6μm)、远红外(6~15μm)、极远红外(15~1000μm)等几个区域,如图 4-5 所示。

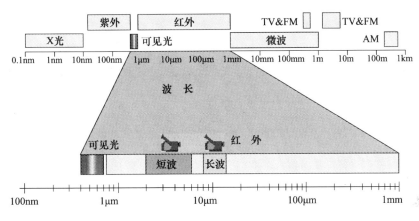

图 4-5　红外辐射频谱图

4.2　成像传感器的原理

4.2.1　MOS 电容器

MOS 是指金属氧化物半导体。一个 MOS 电容器就是一个光敏元件,感应一个像素点。因此,传递一幅图像需要有许多 MOS 元件组成的大规模集成器件。在工艺上,MOS 电容器先在 P-Si 片上氧化一层 SiO_2 介质层,再在上面沉淀一层金属铝作为栅极,然后再在 P-Si 半导体上制作下电极,如图 4-6 所示。

在栅极突然加一 V_G 正脉冲($V_G > V_T$ 阈值电压),金属电极上会充入一些正电荷,电场将排斥 P-Si 中 SiO_2 界面附近的空穴,出现耗尽层,耗尽区中的电离受主为负离子,半导体表面处于非平衡状态,若衬底电位为 0,分析表面区状态如图 4-7 所示。

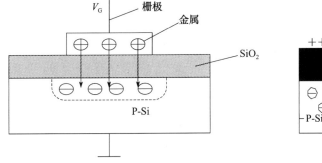

图 4-6　MOS 界面电荷分布图

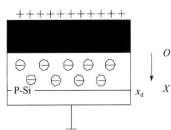

图 4-7　MOS 陷阱形成的电荷示意图

半导体空间电荷区电位的变化可通过泊松方程来解。设半导体与 SiO_2 界面为原点，耗尽层厚度为 x_d，泊松方程及边界条件为

$$\frac{d^2 V(x)}{dx^2} = -\frac{\rho}{\varepsilon_0 \varepsilon_s} = \frac{q N_A}{\varepsilon_0 \varepsilon_s}$$

$$V \big|_{x=x_d} = 0$$

$$E \big|_{x=x_d} = -\frac{dV(x)}{dx} \big|_{x=x_d} = 0$$

式中，$V(x)$ 为距离表面 x 处的电势，E 为 x 处的电场，N_A 为 P-S_i 中掺杂受主的浓度，ε_0、ε_s 分别为真空和半导体的介电常数。可得

$$V(x) = \frac{q N_A}{2 \varepsilon \varepsilon_0} (x - x_d)^2$$

当 $x = 0$ 时最大，即

$$\phi_s = V(x) \big|_{x=0} = \frac{q N_A x_d^2}{2 \varepsilon_0 \varepsilon_s}$$

于是有：1）$\phi_s > 0$，电子位能 $-q\phi_s < 0$ 最小，则表面处有存储电荷的能力。表面的这种状态称为电子势阱或表面势阱。

2）若 V_G 增加，栅上正电荷数增加，SiO_2 附近 P-S_i 中负离子数增加，耗尽区加宽，表面势阱加深。

3）若 MOS 电容的半导体是 N-S_i，则 V_G 加负电压时 SiO_2 附近的 N-S_i 中形成空穴势阱。

MOS 电容器在光照时产生电子空穴对，少子电子被吸收到势阱。光强越大，收集的电子数越多；势阱中电子数反映光的强弱，即 MOS 电容实现了光信号向电荷包的转变。若光敏元阵列同时加 VG，整个图像的光信号同时变为电荷包阵列。当有部分电子填充到势阱中时，电子的屏蔽作用、耗尽层深度和表面势将随着电荷的增加而减小，在一定光强下一定时间内会被电子充满。所以收集电子的时间要适当。

若两个相邻 MOS 光敏元加的栅压分别为 V_{G1}、V_{G2}，且 $V_{G1} < V_{G2}$。因 V_{G2} 高，表面形成的负离子多，则表面势 $\phi2 > \phi1$，电子的静电位能 $-q\phi2 < -q\phi1 < 0$，则 V_{G2} 吸引电子能力强，势阱深，则 1 中电子有向 2 中下移的趋势。若串联很多光敏元，且使 $V_{G1} <$

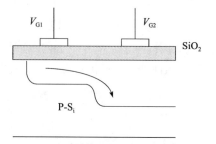

图 4-8　MOS 电容器电子转移示意图

$V_{G2} < \cdots < V_{GN}$，可形成一输运电子路径，实现电子的转移，如图 4-8 所示。

4.2.2　CCD 的基本机构和原理

电荷耦合器件（Charge Coupled Devices，CCD）是贝尔实验室的 W. S. Boyle 和 G. E. Smith 于 1970 年发明的，由于它具有光电转换、信息存储、延时和将电信号按顺序

传送等功能，并且集成度高、功耗低，因此随后得到飞速发展，是图像采集及数字化处理必不可少的关键器件，已广泛应用于科学、教育、医学、商业、工业、军事和消费领域。

CCD 图像传感器是按一定规律排列的 MOS（金属—氧化物—半导体）电容器组成的阵列，它由衬底、氧化层和金属电极构成，其构造如图 4-9 所示。

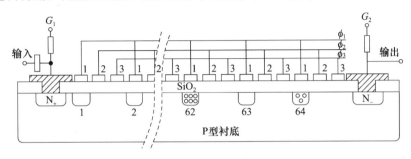

图 4-9　CCD 结构示意图

由于 P 型硅的电子迁移率高于 N 型硅，所以衬底通常选用 P 型单晶硅。衬底上生长的氧化层（SiO_2）厚度约为 1200～1500A（1A = 0.1nm），氧化层上按一定次序沉积若干金属电极作为栅极，形成规则的 MOS 电容器阵列，再加上两端的输入及输出二极管就构成了 CCD 芯片。

CCD 图像传感器的最大特点是它以电荷为信号，而不像其他器件那样以电压或电流为信号。CCD 的基本功能是电荷存储与电荷转移。因此对于 CCD 来说，其工作过程中的主要问题是信号电荷的产生、存储、传输和输出。

电荷实行转移的方法是依次对 3 个转移栅 ϕ_1、ϕ_2 和 ϕ_3 分别施加 3 个相差 120° 前沿陡峭、后沿倾斜的脉冲。ϕ_1、ϕ_2 和 ϕ_3 的脉冲时序如图 4-10 所示。

当 $t = t_1$ 时，即 $\phi_1 = U$，$\phi_2 = 0$，$\phi_3 = 0$，此时半导体硅片上的势阱分布及形状如图 4-11a 所示，此时只有 ϕ_1 极下形成势阱（假设此时势阱中各自有若干个电荷）。

当 $t = t_2$ 时，即 $\phi_1 = 0.5$，$\phi_2 = U$，$\phi_3 = 0$，此时半导体硅片中的势阱分布及形状如图 4-11b 所示，此时 ϕ_1 极下的势阱变浅，ϕ_2 极下的势阱最深，ϕ_3 极下没有势阱。根据势能的原理，原先在 ϕ_1 极下的电荷就逐渐向 ϕ_2 极下转移。

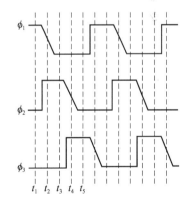

图 4-10　ϕ_1、ϕ_2 和 ϕ_3 的脉冲时序图

在 $t = t_3$ 时，如图 4-11c 所示，即经过 1/3 时钟周期，ϕ_1 极下的电荷向 ϕ_2 极下转移完毕。

在 $t = t_4$ 时，如图 4-11d 所示，ϕ_2 极下的电荷向 ϕ_3 极下转移。经过 2/3 时钟周期，ϕ_2 极下电荷向 ϕ_3 极下转移完毕。

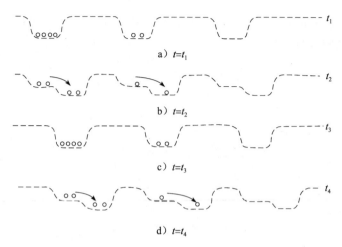

a) $t=t_1$

b) $t=t_2$

c) $t=t_3$

d) $t=t_4$

图 4-11 CCD 图像传感器的转移过程图

经过 1 个时钟周期，ϕ_3 极下电荷向下一级的 ϕ_1 极下转移完毕。每三个电极构成 CCD 的一个级，每经历一个时钟脉冲周期，电荷就向右转移三极即转移一级。以上过程重复下去，就可使电荷逐级向右进行转移。

4.2.3 热红外成像原理

红外线在大气中穿透比较好的波段通常称为"大气窗口"。热红外成像传感与检测技术就是利用"大气窗口"实现的。短波大气窗口在 $1 \sim 5\mu m$ 之间，而长波窗口则是在 $8 \sim 14\mu m$ 之间。

一般热红外成像传感器使用的波段为：短波（$3 \sim 5\mu m$）；长波（$8 \sim 14\mu m$），如图 4-12 所示。

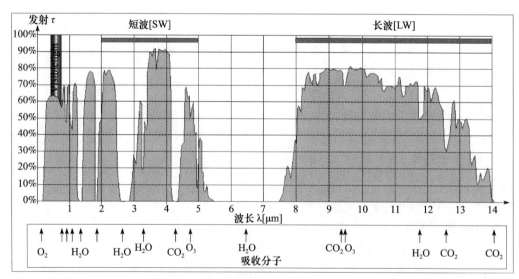

图 4-12 红外线热成像传感器使用的波段图

热红外成像传感器可将不可见的红外辐射转换成可见的图像。物体的红外辐射经过镜头聚焦到探测器上,探测器将产生电信号,电信号经过放大并数字化到热红外成像传感器的电子处理部分,再转换成能在显示器上看到的红外图像。其原理结构图如图 4-13 所示。

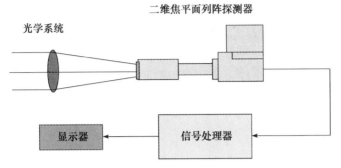

图 4-13　红外线热成像传感器结构图

著名的斯特藩 – 玻尔兹曼定律(Stefan-Boltzmann law,又称斯特藩定律)是热力学中的一个著名定律,其内容为:一个黑体表面单位面积在单位时间内辐射出的总能量(称为物体的辐射度或能量通量密度)j^* 与黑体本身的热力学温度 T(又称绝对温度)的四次方成正比,即

$$j^* = \epsilon \sigma T^4$$

其中,辐射度 j^* 具有功率密度的量纲(能量/(时间·距离^2)),国际单位制标准单位为焦耳/(秒·平方米),即瓦特/平方米。绝对温度 T 的标准单位是开尔文,ϵ 为黑体的辐射系数;若为绝对黑体,则 $\epsilon = 1$。

比例系数 σ 称为斯特藩 – 玻尔兹曼常数或斯特藩常量。它可由自然界其他已知的基本物理常数算得,因此它不是一个基本物理常数。该常数的值为

$$\sigma = \frac{2\pi^5 k^4}{15 c^2 h^3} = 5.670\,400(40) \times 10^{-8} \mathrm{Js^{-1}m^{-2}K^{-4}}$$

由此,温度为 100K 的绝对黑体表面辐射的能量通量密度为 $5.67 \mathrm{W/m^2}$,1000K 的黑体为 $56.7 \mathrm{kW/m^2}$,等等。

红外热成像传感器的标定正是基于这一理论基础,在设定的环境条件下,用一定数量已知温度的黑体进行标定,如图 4-14 所示。

图 4-14　红外线热成像传感器标定示例图

多个黑体放置成半圆形，热红外成像传感器放在中心能转动的台子上，并与标定系统的自动控制中心相连。热红外成像传感器依次对准各黑体，每个黑体都会在热像仪中产生一个辐射信号，标定系统将此信号与其温度对应起来。将每对信号与温度对应起来，并将各点拟合成一条曲线，这就是标定曲线，此曲线将被存储在热红外成像传感器的内存里，用来对应物体辐射与温度的关系。如果热红外成像传感器的探测器接收到物体的辐射信号，此标定曲线将会把信号转换成对应的温度，如图 4-15 所示。

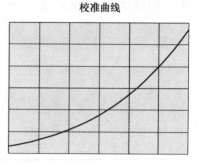

图 4-15 红外线热成像传感器校准曲线图

热红外成像传感器显示的红外图像是物体红外辐射的二维图像化，如图 4-16 所示，它反映物体表面的温度分布状况，但要想准确测量图像中物体各点的温度，还要对一些物体参数进行设置。

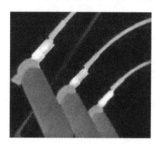 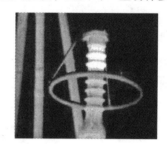

图 4-16 物体的红外图像

从红外热图中看到的物体表面温度与辐射率有着密切的关系，我们要学习识别和分析红外图像因辐射率的不同而产生的不同现象，不要产生错觉。例如一个贴有胶带的杯子，空杯以及装入不同温度的水时，其红外图像将不相同。如图 4-17 所示。

a）杯子的真实状况

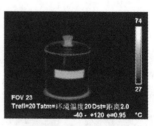

b）杯中无水的红外图像

c）杯中20℃水的红外图像

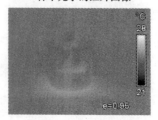

d）杯中60℃水红外图像

图 4-17 物体的红外图像

上例中，胶带 $\varepsilon = 0.95$，杯子 $\varepsilon = 0.10$，环境温度 $T = 25℃$。

由此可见，高辐射率物体的红外图像表面温度接近它的真实温度，低辐射率物体的红外图像表面温度接近环境温度。

红外图像中各点的温度都是可测量的，测量模式有：点温、线温、等温、区域温度等，其中点温或区域温度比较常用。

红外成像光学系统的主要参数有焦距和相对孔径，其中，焦距 f 决定光学系统的轴向尺寸，f 越大，所成的像越大，光学系统一般也越大。相对孔径 D/f 定义为光学系统的入瞳直径 D 与焦距 f 之比，相对孔径的倒数叫 F 数，$F 数 = \dfrac{f}{D}$。相对孔径决定红外成像光学系统的衍射分辨率及像面上的辐照度。衍射分辨率为

$$\sigma = \frac{3.83}{\pi} \frac{f'\lambda}{D} = 1.22 \frac{\lambda}{D/f'}$$

像面中心处的辐照度计算公式为

$$E' = K\pi L \cdot \sin^2 U' \cdot \frac{n'^2}{n^2}$$

4.3 成像传感器器件

4.3.1 电荷耦合器件

电荷耦合器件（CCD）图像传感器的功能是将光学系统采集到的图像信息（光信号）转换为供后续电路处理的与之对应的电信号，如图 4-18 所示。

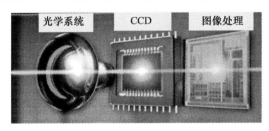

图 4-18 基于 CCD 的成像系统

MOS 电容器是构成 CCD 的最基本单元，它是金属—氧化物—半导体（MOS）器件中结构最为简单的。CCD 工作过程的第一步是电荷的产生。CCD 可以将入射光信号转换为电荷输出，这是利用半导体的内光电效应（也就是光生伏特效应）实现的。CCD 工作过程的第二步是信号电荷的收集，即将入射光子激励出的电荷收集起来成为信号电荷包。CCD 工作过程的第三步是信号电荷包的转移，即将所收集的电荷包从一个像素转移到下一个像素，直到全部电荷包输出完成。CCD 工作过程的第四步是电荷的检测，即将转移到输出级的电荷转化为电流或者电压。其输出类型主要有三种：①电流输出；②浮置栅放大器输出；③浮置扩散放大器输出。

CCD 成像传感器的工作过程分为四个步骤：①电荷生成；②电荷存储；③电荷转移；④电荷检测，如图 4-19 所示。

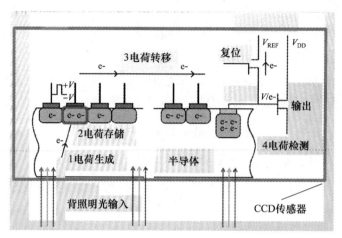

图 4-19　CCD 成像传感器工作过程示意图

CCD 图像传感器是按一定规律排列的 MOS 电容器组成的阵列。在 P 型或 N 型硅衬底上生长一层很薄（约 120nm）的二氧化硅，再在二氧化硅薄层上依次序沉积金属或掺杂多晶硅电极（栅极），形成规则的 MOS 电容器阵列，再加上两端的输入及输出二极管就构成了 CCD 芯片。当向 SiO_2 表面的电极加正偏压时，P 型硅衬底中形成耗尽区（势阱），耗尽区的深度随正偏压升高而加大。其中的少数载流子（电子）被吸收到最高正偏压电极下的区域内，形成电荷包（势阱）。对于 N 型硅衬底的 CCD 器件，电极加正偏压时，少数载流子为空穴。

4.3.2　电荷注入器件

CID 是一种电荷注入器件（Charge-Injected Device），其基本结构与 CCD 相似，也采用 MOS 结构，当在栅极加上电压时，表面形成少数载流子（电子）的势阱，入射光子在势阱邻近被吸收时，产生的电子被收集在势阱里，其积分过程与 CCD 一样。

CID 与 CCD 的主要区别在于读出过程，在 CCD 中，信号电荷必须经过转移才能读出，信号一经读取即刻消失。而在 CID 中，信号电荷不用转移，而是直接注入体内形成电流来读出的。即每当积分结束时，去掉栅极上的电压，存储在势阱中的电荷少数载流子（电子）被注入体内，从而在外电路中引起信号电流，这种读出方式称为非破坏性读取（Non-Destructive Read Out，NDRO）。CID 的 NDRO 特性使其具有优化指定波长处信噪比（S/N）的功能。同时，CID 可寻址到任意一个或一组像素，因此可获得如"相板"一样的所有元素谱线信息。

CID 的一个感光单元如图 4-20 所示，其中 poly 1、poly 2 代表金属栅极；斜线区代表 N 型掺杂硅层；直线区代表 P 型掺杂硅衬底（图中并没有明确画出 SiO_2（二氧化硅）绝缘层，在 poly 1 和 poly 2 下都有绝缘层，以与 N 型掺杂硅层隔离）。该图可以看成两个 MOS 电容，第一个 MOS 电容 C_1：poly 1 和 N 型硅掺杂层为电极，SiO_2 为介质；第二个 MOS 电容 C_2：poly 2 和 N 型硅掺杂层为电极，SiO_2 为介质。C_1 和 C_2 这两个 MOS 电容可以看成串联在一起，设两个 MOS 电容串联后的等效电容值为 C。在 CID 制成后，C 值可以认为是常数。根据电容存储的电荷 Q = C * V，通过测量 V 值就可以测得感光单元中存储的电荷量。

4.3.3 CMOS 摄像器件

采用 CMOS 技术可以将光电摄像器件阵列、驱动和控制电路、信号处理电路、模/数转换器、全数字接口电路等完全集成在一起，从而实现单芯片成像系统。

CMOS 摄像器件分为无源像素型（PPS）和有源像素型（APS）。无源像素单元具有结构简单、像素填充率高及量子效率比较高的优点。但是，由于传输线电容较大，CMOS 无源像素传感器的读出噪声较高，而且随着像素数目的增加，读出速率加快，读出噪声将变得更大。如图 4-21 所示。

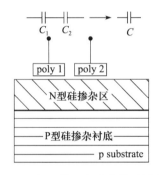

图 4-20　CCD 的一个感光单元示意图

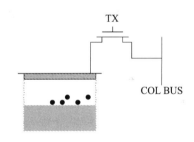

图 4-21　无源像素型示意图

有源像素型又分为光电二极管型有源像素结构（PP-APS）和光栅型有源像素结构（PG-APS），前者在大多数中低性能的应用中使用；后者用于成像质量较高的应用中，如图 4-22 所示。

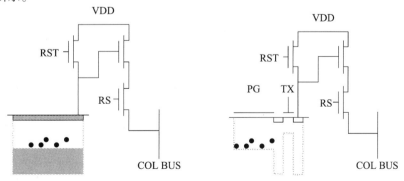

图 4-22　光电二极管型有源像素结构和光栅型有源像素结构图

　　CMOS 有源像素传感器的功耗比较小。但与无源像素结构相比，有源像素结构的填充系数小，其设计填充系数典型值为 20% ~ 30%。在 CMOS 上制作微透镜阵列可以等效提高填充系数。

　　一般而言，CMOS 摄像器件的工作过程如下：首先，外界光照射像素阵列，产生信号电荷，行选通逻辑单元根据需要，选通相应的行像素单元，行像素内的信号电荷通过各自所在列的信号总线传输到对应的模拟信号处理器（ASP）及 A/D 变换器，转换成相应的数字图像信号输出。行选通单元可以对像素阵列逐行扫描，也可以隔行扫描。隔行扫描可以提高图像的场频，但会降低图像的清晰度。行选通逻辑单元和列选通逻辑单元配合，可以实现图像的窗口提取功能，读出感兴趣窗口内像元的图像信息，如图 4-23 所示。

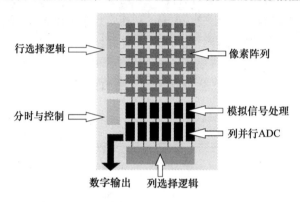

图 4-23　CMOS 摄像器件的工作过程示意图

CMOS 与 CCD 器件的简单比较如下：

　　CCD 摄像器件有光照灵敏度高、噪声低、像素面积小等优点。但 CCD 光敏单元阵列难与驱动电路及信号处理电路单片集成，不易处理一些模拟和数字功能；CCD 阵列驱动脉冲复杂，需要使用相对高的工作电压，不能与深亚微米超大规模集成（VLSI）技术兼容，制造成本比较高。

　　CMOS 摄像器件具有集成能力强、体积小、工作电压单一、功耗低、动态范围宽、抗辐射和制造成本低等优点。目前 CMOS 单元像素的面积已与 CCD 相当，CMOS 已可以达到较高的分辨率。如果能进一步提高 CMOS 器件的信噪比和灵敏度，那么 CMOS 器件有可能在中低档摄像机、数码相机等产品中取代 CCD 器件。

4.3.4　线列 CCD 成像传感器

　　线列 CCD 图像传感器结构如图 4-24 所示，由排成直线的 MOS 光敏元阵列、转移栅和读出移位寄存器三部分组成，转移栅的作用是将光敏元中的光生电荷并行地转移到对应位的读出移位寄存器中去，以便将光生电荷逐位转移输出。图 4-24a 为单排结构，用于低位数 CCD 传感器。图 4-24b 为双排结构，当中间的光敏元阵列收集到光生电荷后，奇、偶单元的光生电荷分别送至上、下两列移位寄存器后串行输出，最后合二为一，恢复光生信号电荷的原有顺序。显然双排结构的图像分辨率比单排结构高 1 倍。

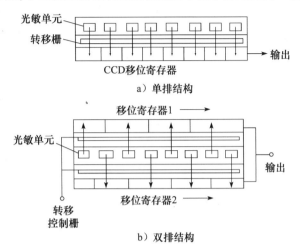

图 4-24　线列 CCD 图像传感器结构图

4.3.5　面阵 CCD 成像传感器

面阵 CCD 图像传感器只能在一个方向上实现电子自扫描，为获得二维图像，人们研制出了在 z、v 两个方向上都能实现电子自扫描的面阵 CCD 图像传感器。面阵 CCD 图像传感器由感光区、信号存储区和输出转移部分组成，并有多种结构形式。

图 4-25 所示是一种称为帧转移面阵图像传感器的结构示意图，它由一个光敏元面阵（由若干列光敏元线阵组成）、一个存储器面阵（可视为由若干列读出移位寄存器组成）和一个水平读出移位寄存器组成。

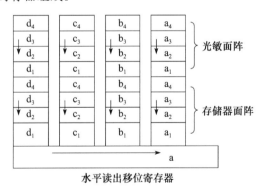

图 4-25　帧转移面阵图像传感器的结构示意图

为了能够简单地叙述面阵器件的工作原理，假设它是一个 4×4 的面阵。在光积分时间，各个光敏元曝光，吸收光生电荷。曝光结束时，器件实行场转移，即在一个瞬间内将感光区整帧的光电图像迅速地转移到存储器列阵中，例如，将脚注为 a_1、a_2、a_3、a_4 的光敏元中的光生电荷分别转移到脚注相同的存储单元中去。此时光敏元开始第二次光积分，而存储器列阵则将它里面存储的光生电荷信息一行行地转移到读出移位寄存器。在高速时钟驱动下的读出移位寄存器，读出每行中各位的光敏信息，如第一次将 a_1、b_1、c_1、d_1 这一行信息转移到读出移位寄存器，读出移位寄存器立即将它们按 a_1、b_1、c_1、d_1 的次序有规则地输出，接着再将 a_2、b_2、c_2、d_2 这一行信息传到读出移位寄存器，直至最后由读出移位寄存器输出 a_4、b_4、c_4、a_4 的信息为止。

4.3.6 CCD 成像传感器的主要特性参数

1. 转移效率

当电荷包从一个栅转移到下一个栅时，有 η 部分的电荷随之转移，余下 ε 部分没有被转移，ε 称转移损失率。

$$\eta = 1 - \varepsilon$$

一个电荷量为 Q_o 的电荷包经过 n 次转移后的输出电荷量应为

$$Q_n = Q_o \eta^n$$

由此得到转移总效率为

$$Q_n / Q_o = \eta^n$$

2. 不均匀度

CCD 是近似均匀的，即每次转移的效率是一样的。

光敏元响应的不均匀是由工艺过程及材料的不均匀引起的，越是大规模的器件，均匀性问题越是突出，这往往也是成品率下降的重要原因。

对光敏元响应的均方根偏差对平均响应的比值为 CCD 的不均匀度 σ 作如下定义：

$$\sigma = \frac{1}{\overline{V_0}} \sqrt{\frac{1}{N} \sum_{n=1}^{N} (V_{on} - \overline{V}_0)^2}$$

$$\overline{V}_0 = \frac{1}{N} \sum_{n=1}^{N} V_{on}$$

式中，V_{on} 为第 n 个光敏元原始响应的等效电压，$\overline{V}_0$ 为平均原始响应等效电压；N 为线列 CCD 的总位数。

由于转移损失的存在，CCD 的输出信号 V_n 与其对应的光敏元的原始响应 V_{on} 并不相等。根据总损失公式，在测得 V_n 后，可求出 V_{on}：

$$V_{on} = \frac{V_n}{\eta^{np}}$$

式中，P 为 CCD 的相数。

3. 暗电流

将 CCD 成像器件在既无光注入又无电注入情况下的输出信号称为暗信号，即暗电流。暗电流产生的根本起因在于耗尽区产生复合中心的热激发。

由于工艺过程不完善及材料不均匀等因素的影响，CCD 中暗电流密度的分布是不均匀的。

暗电流的危害有两个方面：限制器件的低频限、引起固定图像噪声。

4. 灵敏度

灵敏度（响应度）是指在一定光谱范围内单位曝光量的输出信号电压（电流）。

5. 光谱响应

CCD 的光谱响应是指等能量相对光谱响应，最大响应值归一化为 100% 所对应的波长，称峰值波长为 λ_{max}，通常将 10%（或更低）的响应点所对应的波长称截止波长。长波端的截止波长与短波端的截止波长之间所包括的波长范围称光谱响应范围。

6. 噪声

CCD 的噪声可归纳为散粒噪声、转移噪声和热噪声三类。

7. 分辨率

分辨率是摄像器件最重要的参数之一，它是指摄像器件对物像中明暗细节的分辨能力。测试时用专门的测试卡。目前国际上一般用 MTF（调制传递函数）来表示分辨率。

8. 动态范围与线性度

动态范围可由如下公式计算：

$$动态范围 = \frac{光敏元满阱信号}{等效噪声信号}$$

线性度是指在动态范围内，输出信号与曝光量的关系是否成直线关系。

4.3.7 CCD 成像传感器的应用

1. CCD 成像传感器在汽车前照灯配光测试中的应用

CCD 汽车前照灯配光测试系统由工业用 CCD 摄像机、图像处理卡、监视器、打印机及微型计算机构成。其结构框图如图 4-26 所示。系统中的图像处理卡具有实时同步捕捉、快速 A/D 转换和采集存储等功能。例如，可采用 VC32 彩色图像卡，有四份图像帧存储器，512×512×8bit 帧存量，以满足测量要求。摄像机采用彩色摄像机，最低照度为 0.1lux，水平清晰度 320×410TVL。图像卡接收由 CCD 摄像机采集的汽车前照灯在幕布上的图像视频信号，经图像卡的 A/D 模拟转换电路转化成数字信号，数字信号值的大小对应于前照灯的光线强弱，并存储在帧存储器中，由显示逻辑将数字信号转换成视频信号输出到监视器显示，通过软件访问帧存储器并进行各种数据处理，结果可通过打印机输出。软件由以下几个子程序组成。

1）数据采集与计算模块：对图像视频信号进行采集，并将数据存储于帧存储器中。对采集的数据进行处理，并对指定数据进行计算。

2）数据动态修正模块：自动对数据进行修正。

3）图像处理模块：实现车灯图像监视器显示。

4）测量结果输出模块：在测量结果通过显示器显示的同时可通过打印机打印。

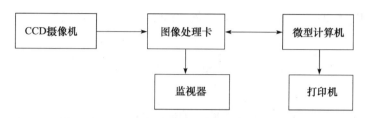

图 4-26 CCD 汽车前照灯配光测试系统结构框图

2. CCD 传感器在光电精密测径系统中的应用

光电精密测径系统采用新型的光电器件——CCD 传感器检测技术，可以对工件进行高精度的自动检测，可用数字显示测量结果以及对不合格工件进行自动筛选。其测量精度可达 ±0.003mm。光电精密测径系统主要由 CCD 传感器、测量电路系统和光学系统组成，工作原理如图 4-27 所示。

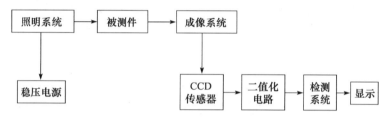

图 4-27 光电精密测径系统工作原理框图

被测件被均匀照明后，经成像系统按一定倍率准确地成像在 CCD 传感器的光敏面上，就在 CCD 传感器光敏面上形成了被测件的影像，这个影像反映了被测件的直径尺寸。被测件直径与影像之间的关系为

$$D = D'/\beta \qquad\qquad (4\text{-}1)$$

式中，D 为被测件直径的大小；D′为被测件直径在 CCD 光敏面上影像的大小；β 为光学系统的放大率。因此，只要测出被测件影像的大小，就可以由式（4-1）求出被测件的直径尺寸。

3. CCD 传感器在数码显微镜中的应用

CCD 数码显微镜可用于拍摄各种材料，得到材料表面放大图像。如图 4-28 所示为 CCD 数码显微镜拍摄的疲劳金属表面显微照片。

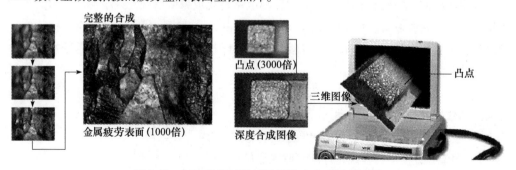

图 4-28 CCD 数码显微镜拍摄的疲劳金属表面图

4. 线阵 CCD 传感器在字符识别中的应用

线阵 CCD 传感器可用于字符识别，如图 4-29 所示。

图 4-29　线阵 CCD 传感器用于字符识别图

5. 线阵 CCD 在扫描仪中的应用

线阵 CCD 在扫描仪中的应用如图 4-30 所示。

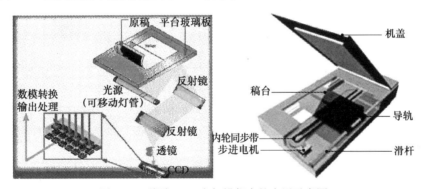

图 4-30　线阵 CCD 在扫描仪中的应用示意图

6. CCD 传感器在卫星中的应用

CCD 传感器大量用于卫星对地观测、导航等应用中，如图 4-31 所示。

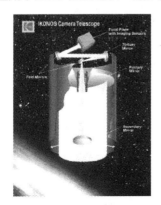

图 4-31　CCD 传感器在卫星中的应用示意图

7. CCD 传感器在胶囊型内窥镜中的应用

CCD 传感器可用于胶囊型内窥镜，如图 4-32 所示。

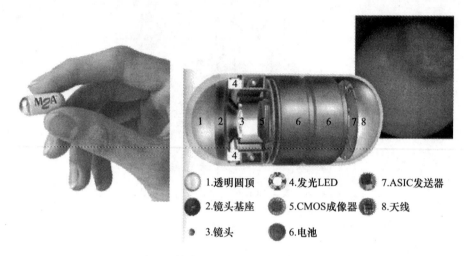

1.透明圆顶   4.发光LED   7.ASIC发送器

2.镜头基座   5.CMOS成像器   8.天线

3.镜头   6.电池

图 4-32   CCD 传感器用于胶囊型内窥镜应用示意图

4.3.8 微光 CCD 成像传感器

在介绍微光 CCD 成像传感器的技术原理之前，先了解一些有趣的常识：明朗的夏天、采光良好的室内照度大致在 $100 \sim 500\text{lx}$ 之间；太阳直射时的地面照度可以达到 $100\,000\text{lx}$；满月在天顶时的地面照度大约是 0.2lx；夜间无月时的地面照度只有 10^{-4}lx 数量级；微光光电成像系统的工作条件为环境照度低于 10^{-1}lx；微光光电成像系统的核心部分是微光像增强器件。

微光摄像 CCD 器件有带像增强器的 CCD 器件 ICCD、薄型、背向照明 CCD 器件以及电子轰击型 CCD 器件等。灵敏度最高的 ICCD 摄像系统可工作在 10^{-6}lx 靶面照度下，其结构示意图如图 4-33 所示。

薄型、背向照明 CCD 器件可在 10^{-4}lx（靶面照度）下工作，其结构示意图如图 4-34 所示。

电子轰击型 CCD 器件结构示意图如图 4-35 所示。

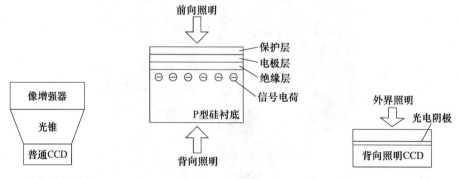

图 4-33   带像增强器的 CCD 器件结构示意图   图 4-34   薄型、背向照明 CCD 器件结构示意图   图 4-35   电子轰击型 CCD 器件结构示意图

4.3.9 特殊 CCD 的发展

1. 超级 CCD

提高分辨率与单纯增加像素数之间存在着一种矛盾，因此富士公司对人类视觉进行了全面研究，研制出了超级 CCD（Super CCD）。超级 CCD 与传统 CCD 的比较如图 4-36 所示。

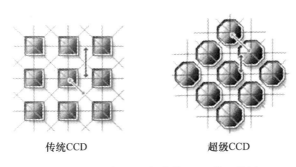

传统CCD　　　　　　　超级CCD

图 4-36　超级 CCD 与传统 CCD 的比较图

由于地球引力等因素的影响，图像信息空间频率的功率主要聚集于水平轴和垂直轴，而 45°对角线上功率最低，如图 4-37 所示。

根据富士公司发表的技术资料，超级 CCD 改变像素排列结构，将像素在原来的基础上旋转了 45°，这种排列方式可以实现感光时达到传统 CCD 两倍的分辨力。用八角形像素单元取代传统矩形单元，可使像素空间效率显著提高、密度达到最大，从而使光吸收效率得到显著提高，如图 4-38 所示。

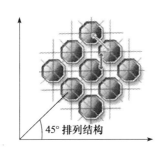
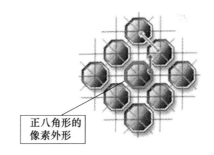

图 4-37　超级 CCD 的 45°排列结构图　　　图 4-38　超级 CCD 正八角形像素外形图

超级 CCD 相比传统 CCD 在性能方面大大提升，主要表现在：

- 分辨力：超级 CCD 独特的 45°蜂窝状像素排列，其分辨力比传统 CCD 高 60%。
- 感光度、信噪比、动态范围：超级 CCD 像敏元光吸收效率的提高使这些指标明显改善，在 300 万像素时提升达 130%。
- 彩色还原能力：超级 CCD 由于信噪比提高，且采用专门 LSI 信号处理器，彩色还原能力比传统 CCD 提高 50%。

2. 四色感应 CCD

四色感应 CCD 新增的颜色加强了对自然风景的解色能力，创造出更多的变化，如图 4-39 所示。

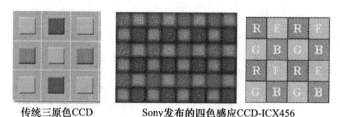

传统三原色CCD　　　　Sony发布的四色感应CCD-ICX456

图 4-39　四色感应 CCD 与传统三原色 CCD 比较图

习题 4

1. 简述成像传感器的基本原理。
2. 结合光导摄像管的组成结构，详细说明其工作原理和工作过程。
3. 简述 CCD 的基本工作原理。
4. 简述 CMOS 的基本工作原理。
5. 结合现实，谈谈你使用的数码相机或手机中使用的成像传感器的类型和工作原理。
6. 试设计一种新型、小巧的成像传感器，详细说明其工作原理。

参考文献

［1］　赵玉刚，邱东.传感器基础[M].北京：中国林业出版社，北京大学出版社，2006.

［2］　何希才.传感器及其应用[M].北京：国防工业出版社，2001.

［3］　刘爱华，满宝元.传感器原理及应用[M].北京：人民邮电出版社，2006.

［4］　张森.光纤传感器及其应用[M].西安：西安电子科技大学出版社，2011.

［5］　黎敏，廖延彪.光纤传感器及其应用技术[M].武汉：武汉大学出版社，2008.

［6］　蔡荣太，王延杰.CCD 成像传感器的降噪技术[J].半导体光电，2007.

［7］　赵凯岐.传感器技术及工程应用[M].北京：中国电力出版社，2012.

［8］　但旦.空间环境中红外成像传感器成像质量仿真研究.西安电子科技大学，2010.

［9］　王庆有.图像传感器应用技术[M].2 版.北京：电子工业出版社，2013.

［10］　常本康，蔡毅.红外成像阵列与系统[M].北京：科学出版社，2011.

［11］　杨立.红外热成像测温原理与技术[M].北京：科学出版社，2012.

［12］　余成波.传感器与自动检测技术[M].2 版.北京：科学出版社，2009.

［13］　米本和也.CCD/CMOS 图像传感器基础与应用[M].北京：科学出版社，2006.

［14］　王任享.三线阵 CCD 影像卫星摄影测量原理 [M] 北京：测绘出版社，2006.

［15］　F. Li，A. Nathan. CCD Image Sensors in Deep- Ultraviolet [M]. Springer，2005.

第5章 其他传感器

传感器是新技术革命和信息社会的重要技术基础，是当今世界极其重要的高科技，一切现代化仪器、设备几乎都离不开传感器。为了满足技术发展的要求，各种各样的新式传感器层出不穷。

5.1 化学传感器

在科学研究、工农业生产、环境保护以及日常生活中，化学量的检测与控制的需求越来越大，而化学传感器是这个过程的首要环节。

化学传感器是指能够将各种化学物质（电解质、化学物、分子、离子等）的状态或变化定性或定量地转换成电信号而输出的装置。它一般是由接收器与换能器组成。其中，接收器具有化学敏感层的分子识别结构；换能器是可以进行信号转换的物理传感装置。待测物质经过具有分子识别功能的接收器识别后，所产生的化学信号由换能器将其转换为与分析物质特性有关的电信号输出，再由电子线路通过仪表进行信号的再加工，构成分析装置和系统。

5.1.1 化学传感器的基本概念和原理

化学传感器已成为化学分析与检测的重要手段，然而时至今日在国内外仍无统一规定的化学传感器的定义。国内有的学者将化学传感器定义为能够将各种化学物质（电解质、化学物、分子、离子等）的状态或变化定性或定量地转换成电信号而输出的装置。

在国家标准 GB/T 7665—1987《传感器普通用术语》中则将化学传感器定义为"能感受规定的化学量并转换成可用输出信号的传感器"。

在国外也有不同的定义。R. W. Catterall 在其著述中将化学传感器定义为一种能够通过某化学反应以选择性方式对待分析物质产生响应从而对分析物质进行定性或定量测定的装置。此类传感器用于检测特定的一种或多种化学物质。而 O. S. Wolfbeis 则将化学传感器定义为包含识别元件、换能元件和信号处理器且能连续可逆地检测化学物质的小型装置。他强调化学传感器必须是可逆的，其他不可逆的装置由于只能进行一次检测而应该称为探头。

化学传感器是一种强有力的、廉价的分析工具，它可以在干扰物质存在的情况下检测目标分子，其原理如图 5-1 所示。它一般由识别元件、换能器以及相应电路组成。当分于识别元件与被识别物发生相互作用时，其物理、化学参数会发生变化，如离子、电子、热、质量和光等发生变化，再通过换能器将这些参数转变成与分析物特性有关的可定性或定量处理的电信号或者光信号，然后经过放大、存储，最后用适当的形式将信号显示出来。传感器的优劣取决于识别元件和换能器的合适程度。通常为了获得最大的响应和最小的干扰，或便于重复使用，将识别元件以膜的形式并通过适当的方式固定在换能器表面。

图 5-1　化学传感器原理示意图

识别元件也称敏感元件，是各类化学传感器装置的关键部件，它能直接感受被测量（一般为非电量），并输出与被测量成确定关系的其他量的元件。其具备的选择性使传感器对某种或某类分析物质产生选择性响应，从而避免了其他物质的干扰。换能器又称转换元件，是可以进行信号转换的物理传感装置，能将识别元件输出的非电量信息转换为可读取的电信号。

5.1.2　化学传感器的主要类型

化学物质种类繁多，性质和形态各异，而对于一种化学量又可用多种不同类型的传感器测量或由多种传感器组成的阵列来测量，也有的传感器可以同时测量多种化学参数，因而化学传感器的种类极多，转换原理各不相同且相对复杂，加之多学科的迅速融合，使得人们对化学传感器的认识还远远不够成熟和统一，其分类也各不一样。通常人们按照传感器选用的换能器的工作原理将化学传感器分为电化学传感器、光化学传感器、质量传感器和热化学传感器，如图 5-2 所示。

光化学传感器包括光纤、荧光、光声、化学发光、表面等离子共振五类。

光纤化学传感器是以光导纤维为传光元件的传感器，它一般是基于光纤端部覆盖的可与待测物发生光化学反应（荧光、吸收、散射等）的薄膜引起光纤传光特性的改变来

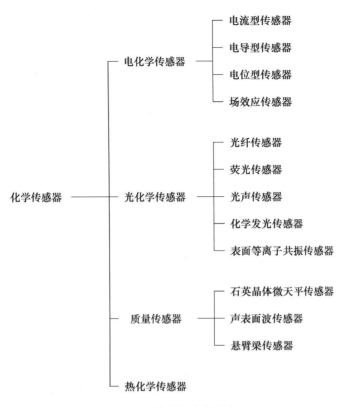

图 5-2   化学传感器分类

进行检测的,具有可塑性好、体积小、使用方便等优点,非常适用于微区、微体积乃至活体的检测。荧光传感器具有极高的灵敏度。在衡量物质的检测中具有独到优势,但因并不是所有的物质均有荧光,所以它的应用受到一定的限制。光声效应是指物质吸收调制光后,产生声音信号的现象。光声传感器具有灵敏度高、散射光不影响其测定等优势,可适用于气、固、液、粉末、薄膜、活体等多种样品,是迄今为止诸化学传感器中适用样品范围最广泛的一种传感器。化学发光传感器是基于物质在化学发光试剂存在下,发生化学发光反应时产生的可见、紫外光来进行分析测定的,近年来在电量化学发光、纳米材料化学放光等方面均有长足的进展。近年发展起来的表面等离子共振传感器是基于金属与石英或玻璃表面产生的等离子体共振现象,一般用于检测棱镜侧面附着的物质来检测其与溶液中待测物质的反应,特别适合于抗原与抗体间的反应和实时检测。

电化学传感器是发展最为成熟、应用最广的一类传感器,主要包括电流、电导、电位、场效应等传感器,其中比较重要的是以离子选择电极为代表的电位传感器和近年发展起来的场效应化学传感器。已有多种离子选择电极传感器问世,且价格低廉,在环境监测和生产实践中发挥了重要的作用;场效应管的研发促进了场效应传感器的研究;电导传感器中以半导体气敏传感器最为重要。

质量传感器包括石英晶体微天平传感器、声表面波传感器以及近年发展起来的悬臂梁化学传感器。石英晶体传感器和声表面波传感器均是基于各种压电材料的压电效应受外界质量作用而引起频率的变化来检测的，不同的是石英晶体传感器是在压电晶体上覆以金属电极，而声表面波是覆以叉指电极，由于石英晶体传感器的共振频率一般为几十兆赫，而声表面波传感器是几百兆赫，甚至更高，因此后者比前者灵敏度可以高出几个数量级，制造与研究的费用也相对要高得多。声表面波传感器和毛细管色谱联机，可以检测环境中的污染物，并且已有商品问世。研制的 SAW 化学战剂报警器可对多种化学战剂检测并具有很高的灵敏度，已被美军装备于部队。悬臂梁化学传感器是基于微型晶片上附着待测物引起的质量变化来进行检测的，具有极高的灵敏度（数量级可达 10^{-12}），但传感器的体积太小，制作工艺相对复杂，尚处于发展阶段。

热化学传感器是基于化学反应中物质的热性质来进行检测的，在生物领域中应用得较多。另外还可以按照传感器敏感对象的特征将化学传感器分为湿敏传感器、离子敏传感器、气敏传感器等。

5.1.3 化学传感器的特点

化学传感器主要有以下几个特点：

1. 涉及学科面广、综合性强

化学传感器是一门集物理、化学、电子学、计算机、生物等多门学科的综合技术，它的发展与当代物理、光学、电学、微电子、计算机、信号处理等技术的发展密切相关，化学传感器的水平是基于上述学科综合水平的。总之，20 世纪科技的成果在化学传感器发展史上留下了深深的烙印。可以说，没有激光的发现，就没有光声传感器与拉曼检测的今天；没有光电倍增管等微弱信号探测技术的发展，就没有化学发光传感器的进展；没有通信技术的发展，光纤传感器就不会有今天的成熟；没有场效应管的出现，也不会有场效应传感器的发展。叉指电极制造工艺的成熟促使声表面波传感器走向了今天的市场，而悬臂梁、表面等离子共振技术、分子印记等技术的发展，为化学传感器的发展开辟了一个又一个新的领域。

2. 使用方法灵活、结构形式多样

化学传感器形状各异，除少量实现商品化外，大部分没有固定的结构形式。一般是根据检测对象的性质、体积、状态，检测方法的特点、检测样品的要求等选择不同的检测方法，并设计合适的传感器的结构形式。基于多种检测原理和多种结构的化学传感器为样品检测选择合适的方法提供了广泛的基础，微电子加工工艺的发展也为设计、研究新型化学传感器提供了广阔的空间，促进了新一代化学传感器的发展，这也正是化学传感器技术的优势所在。

3. 自动化程度高

化学传感器是将化学反应的信号转换成电信号后输出，近代微电子学、信号处理技术、计算机技术的发展，使化学传感器的自动化程度得到大幅度提高，微机检测的传感器信号及影像技术、CCD（电荷耦合器件）等技术的发展，使化学传感器在实时检测、活体成像检测、快速检测等方面得到飞速发展，自动化程度得以极大提高。

5.1.4　化学传感器的发展趋势

化学传感器的产生可追溯到 1906 年，化学传感器研究的先驱 Cremer 首先发现了玻璃薄膜的氢离子选择性应答现象，于是发明了第一支用于测定氢离子浓度的玻璃 pH 电极，从此揭开了化学传感器发展的序幕。随着研究的不断深入，基于玻璃薄膜的 pH 传感器于 1930 年进入实用化阶段。但在 20 世纪 60 年代以前，化学传感器的研究进展缓慢，其间仅 1938 年有过利用氯化锂作为温度传感器的研究报告。此后，随着卤化银薄膜的离子选择应答现象、氧化锌对可燃性气体的选择应答现象等新材料、新原理的不断发现及应用，化学传感器进入了新的时代，发展十分迅速。压电晶体传感器、声波传感器、光学传感器、酶传感器、免疫传感器等各种化学传感器得到了初步应用和发展，电化学传感器则在这一时期得到了长足的发展，占到了所有传感器的 90% 左右，而离子选择电极曾一度占据主导地位，达到了所有化学传感器的半数以上。直到 20 世纪 80 年代后期，随着化学传感器方法与技术的扩展和微电子等技术在化学传感器中的进一步应用，基于光信号、热信号、质量信号的传感器得到了充分发展，大大丰富了化学传感器的研究内容，从而构成了包括电化学传感器、光化学传感器、质量传感器及热化学传感器在内的化学传感器大家族，电化学传感器的绝对优势才逐步开始改变，化学传感器进入了百家争鸣时期。

随着化学传感器的不断发展，其高选择性、高灵敏度、响应速度快、测量范围宽等特点得到了人们的广泛重视，成为环境保护与监测、工农业生产、食品、气象、医疗卫生、疾病诊断等与人类生活密切相关的分析技术与手段，并成为当代分析化学主要的发展势之一。自 1981 年由日本学者清山哲郎、盐川二郎、铃木周一、笛木和雄等编著的《化学传感器》一书出版以来，经常召开有关化学传感器的国际学术会议。1983 年，第 1 届化学传感器国际学术会也在日本福冈召开，由著名学者清山哲郎等九六名誉教授作为大会的组织委员长，这次大会为化学传感器的发展奠定了基础。此后，从 1990 年第 3 届国际化学传感器会议开始，每两年在欧、美、日以及亚洲轮流举办该会议。同时与化学传感器相关的其他各种国际化学会议，如生物传感器国际学术会议、欧洲传感器会议、东亚化学传感器会议等也先后召开，并且化学传感器在国际纯粹化学与应用化学联合会召开的国际化学会议中也占重要地位。

随着当代科学技术的迅速发展，学科之间相互渗透和促进，化学传感器的基础研究日益活跃。随着各种新技术、新材料、新方法的不断出现与应用，加之微加工工艺的不断发展与完善，特别是分子印迹技术、功能化膜材料、模式识别技术、微机械加工技术等技术的融合，可实现将传感器敏感阵列元件、神经网络芯片、模式识别芯片集成在一起，用神经网络理论和模式识别技术对传感器阵列响应信号进行分析处理，并通过传感器网络进行传输，从而显著提高化学传感器的检测性能与远程检测能力，促进化学传感器的发展和应用，推动化学传感器向微型化、集成化、多功能化、自动化、智能化、网络化等方向发展，为化学传感器开创了一个新时代，其前景方兴未艾，可以期望未来化学传感器取得长足的发展，开拓更多、更新的领域。对化学传感器的现状、发展趋势进行深入和系统的研究，必将对我国化学工业的发展起到重要的推动作用，使其在现代化建设中做出更大贡献。

5.1.5 化学传感器的应用

现实生产生活中，几乎可以说化学参数是无限量的，在临床医学、工业流程、生物技术、环境监测、农业、食物等领域涉及大量的化学参数信息，因此所要求的化学传感器是千差万别的。

在医学上，对化学传感器的要求是多方面的。临床实验室需要对无数的样品进行化验，要求快速、准确以及低费用。医疗和护理需要连续监测化学参数，例如监测麻醉气体、血氧、二氧化碳以及钾、钙离子等，有时还需要植入体内，例如和起搏器或者和人造胰腺相结合使用的传感器。对这类传感器的要求是安全、可靠、坚固、耐久，而且要微型化以便容易插入体内。这些传感器的密封要求特别高，还要适应正常的杀菌操作。在保健防护方面，经常要对尿液、唾液、汗液和呼出气体作化学监测，以得到有关身体状况变化的信息，这种测量对准确性要求不那么高，但要求灵敏，易于操作处理，甚至病人可以在家庭中自己操作。

在工业过程中，有许多化学参数需要监测，以便使生产效率与质量达到最佳水平。为了充分使用现代电脑技术进行有效的过程控制，也必须使用化学传感器来进行连续在线监测。但是，目前仅 pH 电极在工业过程控制中广泛采用，而且还有许多不能使用现有 pH 电极的场合。

5.2 压电式传感器

压电式传感器是以具有压电效应的压电器件为核心组成的传感器，其原理是当材料表面受力作用变形时，表面会有电荷产生，从而实现非电量测量。

5.2.1 压电效应和压电材料

1. 压电效应

当某些物质沿某一方向施加压力或拉力时，会产生变形，此时这种材料的两个表面将产生符号相反的电荷，如图 5-3 所示。当去掉外力后，它又重新回到不带电状态，这种现象被称为压电效应。当外力改变方向，电荷极性会随之而改变，这种机械能转变为电能的现象称为"顺压电效应"或"正压电效应"。

反之，当在某些物质的极化方向上施加电场，材料会产生机械变形，当去掉外加电

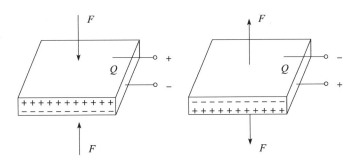

图5-3　（正）压电效应

场后，该变形也随之消失，这种电能转变为机械能的现象，称为"逆压电效应"或称"电致伸缩"。压电效应的可逆性如图5-4所示，利用这一特性能实现机电能量的相互转换。

具有压电效应的电介质称为压电材料。在自然界中，大多数晶体都具有压电效应，只是大多数晶体的压电效应都十分微弱。随着对压电材料的深入研究，发现石英晶体和人造压电陶瓷是性能优良的压电材料。

2. 压电材料简介

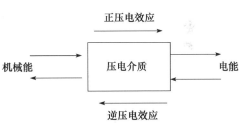

图5-4　压电效应的可逆性

压电材料的主要特性参数有：

1）压电系数：衡量材料压电效应强弱的参数，直接关系到压电输出灵敏度。

2）弹性常数（刚度）：决定着压电器件的固有频率和动态特性。

3）介电常数：压电元件的固有电容与之有关，而固有电容又影响着传感器的频率下限。

4）机电耦合系数：衡量压电材料机电能量的转换效率，定义为输出与输入能量比值的平方根。

5）电阻：压电材料的绝缘电阻将减小电荷泄漏，从而改善压电传感器的低频特性。

6）居里点：压电材料开始丧失压电性的温度。

迄今出现的压电材料分为三大类，即压电晶体、压电陶瓷及新型压电材料，它们都具有较好的特性，如具有较大的压电常数、机械性能优良（强度高、固有振荡频率稳定）、时间稳定性好、温度稳定性好等，所以它们是比较理想的压电材料。

石英晶体为单晶体，俗称"水晶"，常见的是人造和天然的石英晶体，其化学成分是 SiO_2，压电系数 $d_{11} = 2.31 \times 10^{-12} C/N$，在几百度的温度范围内，其压电系数稳定不变，能产生十分稳定的固有频率 f_0，能承受 $700 \sim 1000 kg/cm^2$ 的压力，是理想的压电材料。

压电陶瓷是人造多晶系压电材料，常用的有钛酸钡、锆钛酸铅、铌酸盐系压电陶瓷。

它们的压电常数比石英晶体高，如钛酸钡（$BaTiO_3$）的压电系数为 $d_{33} = 190 \times 10^{-11} C/N$，但介电常数、机械性能不如石英好。由于压电陶瓷的品种多、性能各异，可根据各自的特点制作各种不同的压电传感器，是一种很有发展前途的压电元件。

新型压电材料包括压电半导体和有机高分子压电材料。压电半导体材料的显著特点是：既具有压电特性，又具有半导体特性。因此既可用其压电性研制传感器，又可用其半导体特性制作电子器件，还可以两者结合，集压电元件与电子线路于一体，研制成新型集成压电传感器。有机高分子压电材料的特点是质轻柔软、抗拉强度高、机电耦合系数高。

3. 石英晶体的压电特性

目前，传感器中使用的均是居里点为 573℃、六角晶系结构的 a – 石英，其外形呈六角棱柱体。

石英晶体各个方向的特性是不同的。在三维直角坐标系中，z 轴被称为晶体的光轴，x 轴为电轴，y 轴为机械轴。电轴（x 轴）穿过六棱柱的棱线，在垂直于此轴的面上压电效应最强；机械轴（y 轴）在电场的作用下，沿该轴方向的机械变形最明显；光轴（z 轴）也叫中性轴，光线沿该轴通过石英晶体时，无折射，沿 z 轴方向施加作用力则不产生压电效应。

从石英晶体上沿 y 方向切下一块晶体片，当在电轴 x 方向施加作用力 f_x 时，与电轴 x 垂直的平面上将产生电荷 q_x，其大小为

$$q_x = d_{11} f_x \tag{5-1}$$

若在同一切片上，沿机械轴 y 方向施加作用力 F_0，则在与 z 轴垂直的平面上仍将产生电荷，其大小为

$$q_x = d_{12} \frac{a}{b} F_y = - d_{11} \frac{a}{b} F_y \tag{5-2}$$

电荷 q_x 和 q_y 的符号是由其受压力还是拉力决定的。q_x 的大小与晶体片的几何尺寸无关，而 q_y 则与晶体片几何尺寸有关。图5-5 表示晶体切片在 x 轴和 y 轴方向受拉力和压力的具体情况。

如果在片状压电晶体材料的两个电极面上加以交流电压，那么石英晶体片将产生机械振动，即晶体片在电极方向有伸长和缩短现象，这种电致伸缩现象即为前述的逆压电效应。

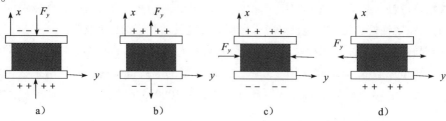

图5-5　晶体片上电荷极性和受力方向的关系

4. 压电陶瓷的压电现象

压电陶瓷是人造多晶体，它的压电机理与石英晶体并不相同。从性质上来看，压电陶瓷是一种经过极化处理后的人工多晶铁电体。所谓"多晶"，是因为它由无数细微的单晶组成。所谓"铁电体"，是因其具有类似铁磁材料磁畴的"电畴"结构，每个单晶体形成一个单个电畴，这种自发极化的电畴在极化处理以前，各晶粒内的电畴按任意方向排列，自发极化的作用相互抵消，陶瓷内极化强度为零。因此，原始的压电陶瓷呈现各向同性而不具有压电性，如图5-6a所示。

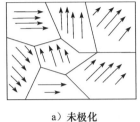
a）未极化

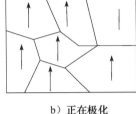
b）正在极化

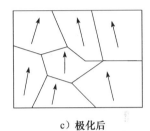
c）极化后

图5-6 压电陶瓷的极化

要使压电陶瓷具有压电性，必须作极化处理，即在一定温度下对陶瓷施加强直流电场，"迫使"电畴自发极化方向转到与外加电场 E 方向一致，作规则排序，见图5-6b。由于被极化，此时压电陶瓷具有一定的极化强度，当外电场撤销后，电畴趋向基本保持不变，陶瓷极化强度并不立即恢复到零，见图5-6c，此时存在剩余极化强度，从而呈现出压电性，即陶瓷片的两端出现束缚电荷，一端为正，另一端为负。如图5-7所示，由于束缚电荷的作用，在陶瓷片的极化两端很快吸附一层来自外界的自由电荷，这时束缚电荷与自由电荷数值相等，极性相反，因此陶瓷片对外不呈现极性。

如果在压电陶瓷片上加一与极化方向平行的外力，陶瓷片产生压缩变形，片内的束缚电荷之间距离变小，电畴发生偏转，极化强度变小，因此吸附在其表面的自由电荷有一部分被释放而呈现放电现象。当撤销压力时，陶瓷片恢复原状，极化强度增大，因此又吸附一部分自由电荷而出现充电现象。这种因受力而产生的机械效应转变为电效应，将机械能转变为电能，就是压电陶瓷的正压电效应。放电电荷的多少与外力成正比例关系，即

$$q = d_{33} \times F \tag{5-3}$$

式中，d_{33} 为压电陶瓷的压电系数；F 为作用力。

（图5-7右侧）
自由电荷
电极
束缚电荷
自由电荷

图5-7 束缚电荷与自由电荷
排列的示意图

5.2.2 压电式传感器的特点

以压电效应为工作原理的传感器被称为机电转换式和自发电式传感器。它的敏感元件是用压电的材料制作而成的，而当压电材料受到外力的作用时，它的表面会形成电荷，电荷通过电荷放大器、测量电路的放大，以及变换阻抗后，就会被转换成为与所受到的外力成正比关系的电量输出。它是用来测量力以及可以转换成为力的非电物理量，例如加速度和压力。它有很多优点：重量较轻、工作可靠、结构简单、信噪比高、灵敏度高以及信频宽等。但它也存在着某些缺点，例如部分电压材料忌潮湿，因此需要采取一系列的防潮措施，而输出电流的响应又比较差，于是需要使用电荷放大器或者高输入阻抗电路来弥补这个缺点，使仪器更好地工作。

5.2.3 压电式传感器的应用

压电式传感器常用来测量力和加速度等，也用于声学（包括超声）和声发射等测量，常用的有加速度传感器、测力传感器、压力传感器。在制作和使用压电式传感器时，必须使压电元件有一定的预应力，以保证在作用力变化时，压电元件始终受到压力。另外还要保证压电元件与作用力之间的均匀接触，获得输出电压（电荷）与作用力的线性关系，但作用力太大将会影响压电式传感器的灵敏度。

1. 加速度传感器

压电式加速度传感器由其体积小、质量小、频带宽（从几赫兹至几十千赫兹）、测量范围宽、使用温度可达400℃以上等优势，现广泛应用于加速度的测量。

压电式加速度传感器中的压电元件一般由两片压电晶片组成，在压电晶片的两个表面上镀银层，并在银层上焊接输出引线，或在两个压电晶片之间夹一片金属，引线焊接在金属片上，输出端的另一根引线直接与传感器底座相连。在压电晶片上放置惯性质量块，然后用硬弹簧或螺栓、螺帽对质量块预加载荷。整个组件装在一个厚底座的金属壳体中。为了避免产生假信号，隔离试件的任何应变传递到压电元件上，一般要加厚底座或选用刚度较大的材料制造底座。

测量时，将传感器底座与试件刚性固结在一起，因此，传感器感受与试件同样的振动，此时惯性质量产生一个与加速度成正比的惯性力 F 作用在压电晶片上，由于压电效应而在压电晶片的表面产生电荷（电压）。因为 $F = ma$（m 为惯性质量，在传感器中是一个常数），所以力 F 与所测加速度 a 成正比，于是压电晶片产生的电荷（电压）与所测加速度成正比。通过后续的测量放大电路就可以测出试件的振动加速度。如果在放大电路中加入适当的积分电路，就可以测出相应的振动速度或位移。

2. 测力传感器

根据压电效应，压电元件可实现力—电转换，从而直接用于力的测量，关键是选取合适的压电材料、变形力式、机械上串联或并联的晶片数目、晶片的几何尺寸和合理的传力结构等。压电材料的选择取决于所测力的大小、对测量精度的要求以及工作环境温度等各种因素。通常采用两片晶片，使其机械串联而电气并联。机械上串联的晶片数目增加会导致传感器抗侧向干扰能力降低，而电气并联的片数增加会导致对传感器加工精度的要求过高，同时，由于传感器电容和所产生的电荷以同样的倍数增大，因而传感器的电压输出灵敏度并不增大。

压电式测力传感器按测力状态分为单向力和多向力传感器两大类，单向力传感器只能测量一个方向的力，而多向力传感器则利用不同方向的压电效应可同时测量几个方向的力。压电式测力传感器的测量范围从 $10^3 N \sim 10^4 kN$，动态范围一般为 60dB，测量频率上限高达数十千赫兹，故适合于动态力，尤其是冲击力的测量。

压电式单向测力传感器的上盖为传力元件，其厚度由测力范围决定。被测力通过上盖使压电晶片受到压力作用，基于压电效应输出的电压（电荷）与作用力成正比。基座内外底面对其中心线的垂直度、上盖以及晶片、电极的上下底面的平行度与表面粗糙度等都有严格的要求，否则会使横向灵敏度增加，或使晶片因应力集中而过早破碎。

3. 压力传感器

压电式压力传感器的结构形式与种类很多，根据弹性敏感元件和受力机构的形式可分为膜片式和活塞式两类。膜片式压力传感器主要由本体、膜片和压电元件组成。压电元件支撑于本体上，由膜片将被测压力传递给压电元件，再由压电元件输出为与被测压力成一定关系的电信号。

这种传感器的测量范围很宽，能够测量低至 $10^2 Pa$、高至 $10^8 Pa$ 的压力，且具有频响特性好、结构坚实、体积小、重量轻、耐高温等优势，广泛应用于内燃机的气缸、油管、进排气管的压力测量。特别要指出的是，压电材料最适于制成在高温下工作的压力传感器，目前比较有效的办法是选择适合高温条件的石英晶体切割方法。

5.3 磁敏感传感器

磁敏感传感器是通过磁电作用将磁信号转换成电信号的传感器。传统的磁敏感传感器（如电磁感应式传感器等）大多结构复杂、功耗大、操作不便。这里主要介绍半导体磁敏式传感器，按结构不同可分为体型和结型两大类，体型包括霍尔传感器和磁敏电阻，结型包括磁敏二极管和磁敏三极管等。

5.3.1 霍尔传感器

1. 霍尔效应与霍尔元件

（1）霍尔效应

将一薄片半导体材料放于磁感应强度为 B 的磁场中，使表面与磁力线垂直，如图 5-8 所示，若在它的两侧面加激励电流 I，那么在薄片的另两侧将会产生一个大小与激励电流

I 和磁感应强度 *B* 的乘积成比例的电动势 U_n，这个电动势称为霍尔电势，这一现象称为霍尔效应，它是由美国物理学家霍尔于 1879 年发现的。

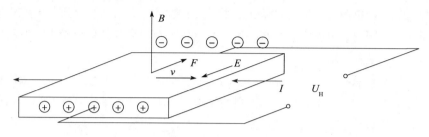

图 5-8　霍尔效应原理图

霍尔效应的产生是运动的载流子（电子）受磁场洛仑兹力作用的结果，半导体中的载流子（电子）在洛仑兹力的作用下向前移动的同时将向侧面偏转，于是一边形成电子积累，另一边形成正电荷积累，在半导体两侧形成电场，该电场将阻止电子的继续偏转，当电场力与洛仑兹力相等时，电子积累达到动态平衡，此时形成的电位差就是霍尔电压 U_H。

$$U_H = \frac{R_H IB}{d} \tag{5-4}$$

式中，R_H 为霍尔系数；*I* 为激励电流；*B* 为磁感应强度；*d* 为霍尔元件厚度。霍尔系数 $R_H = \rho\mu$，其中 ρ 为载流体的电阻率，μ 为载流子的迁移率，半导体材料（尤其是 N 型半导体）电阻率较大，载流子迁移率很高，因而可以获得很大的霍尔系数，适于制造霍尔元件。

令 $K_H = R_H/d$，则

$$U_H = K_H IB \infty \cos\theta \tag{5-5}$$

当激励电流或磁场方向改变时，输出电势的方向也将改变。但当它们同时改变时，霍尔电势极性不变。霍尔电势的大小正比于激励电流 I 和磁感应强度 B。

（2）霍尔元件

● 霍尔元件的结构

霍尔元件的结构如图 5-9 所示，它是一个长方形薄片。在垂直于 *x* 轴的两个侧面的正中贴两个金属电极用以引出霍尔电势，称为霍尔电极。这个电极沿 *b* 向的长度要小，且要求在中点，这对霍尔元件的性能有直接影响。在垂直于 *y* 轴的两个侧面上，对应地附着两个电极，用以导入激励电流，称其为激励电极或控制电极。垂直于 *z* 的表面要求光滑即可，外面用陶瓷、金属或环氧树脂封装即成霍尔元件。

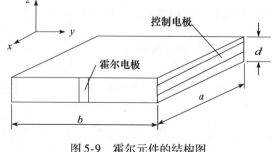

图 5-9　霍尔元件的结构图

• 霍尔元件的基本电路

霍尔元件在测量电路中一般有两种表示方法，如图 5-10 所示。

霍尔元件的基本电路如图 5-11 所示，激励电流 I 由电源 E 供给，R 为调节电阻，用来调节激励电流的大小。霍尔元件输出端接负载电阻 R_L，它也可以是放大器的输入电阻或测量仪表的内阻等。

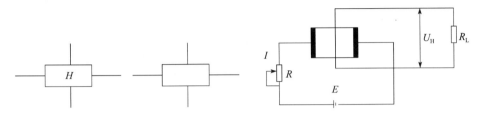

图 5-10　霍尔元件的符号　　　　图 5-11　霍尔元件的基本电路

在实际使用中，可以将激励电流 I 或外磁场感应强度 B 作为输入信号或同时将两者作为输入信号，输出信号则正比于 I 或 B，或两者的乘积。由于建立霍尔效应的时间很短，因此激励电流用交流时，频率可高达 $10^9 \mathrm{Hz}$ 以上。

• 霍尔元件的连接电路

霍尔元件的转换效率较低，在实际应用中，为了获得较大的霍尔电压，可将几个霍尔元件的输出串联起来，如图 5-12 所示。在这种连接方法中，激励电流极应该是并联的，如果将其串联，霍尔元件将不能正常工作。虽然霍尔元件的串联可以增加输出电压，但其输出电阻也将增大。

当霍尔元件的输出信号不够大时，也可采用运算放大器加以放大，如图 5-13 所示。但目前最常用的还是将霍尔元件和放大电路做成一起的集成电路，显然它有较高的性价比。

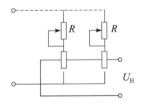　　　　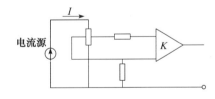

图 5-12　霍尔元件的串联　　　　图 5-13　霍尔电势的放大电路

2. 霍尔元件材料及主要特性参数

（1）霍尔元件的材料

根据霍尔效应，霍尔元件的材料应该具有高的电阻率和载流子迁移率。一般金属的载流子迁移率很高，但其电阻率很小；绝缘体的电阻率极高，但其载流子迁移率极低；只有半导体材料最适合制造霍尔元件。

目前常用的霍尔元件材料有：锗（Ge）、硅（Si）、砷化镓（GaAs）、砷化铟（InAs）和锑化铟（InSb）等。其中 N 型硅具有良好的温度特性和线性度，灵敏度高，应用较多。

（2）霍尔元件的主要特性参数

1）额定激励电流 I_H。

使霍尔元件温升10℃所施加的激励电流称为额定激励电流。因为增大激励电流可以增加输出的霍尔电势，所以在实际应用中应尽量增大激励电流，但它显然要受霍尔元件温升的限制，通过改善其散热条件可以增大最大允许的激励电流。

2）灵敏度 K_H。

霍尔元件在单位磁感应强度和单位激励电流作用下的空载霍尔电势值称为霍尔元件的灵敏度。

3）输入电阻 R_1 与输出电阻 R_o。

输入电阻 R_1 是指霍尔元件激励电极之间的电阻，规定要在无外磁场和室温（20 ± 5℃）的环境温度中测量。输出电阻 R_o 是指霍尔电极间的电阻，同样要求在无外磁场和室温下测量。

4）不等位电势 U_o 和不等位电阻 r_o。

当磁感应强度 B 为零、激励电流为额定值 I_H 时，霍尔电极间的空载电势称为不等位电势（或零位电势）U_o。用直流电位差计可测得空载霍尔电势。

产生不等位电势的原因主要有：霍尔电极安装位置不正确（不对称或不在同一等电位面上）；半导体材料的不均匀造成了电阻率不均匀或几何尺寸不均匀；激励电极接触不良造成激励电流不均匀分布等。不等位电势 U_o 与额定激励电流 I_H 之比称为不等位电阻（零位电阻）r_o，即 $r_o = U_o/I_H$。

5）霍尔电势温度系数 a。

在一定的磁感应强度和激励电流下，温度每改变1℃，霍尔电势值变化的百分率，称为霍尔电势温度系数。它与霍尔元件的材料有关，一般约为 0.1%/℃左右。

6）内阻温度系数 β。

在无外磁场作用时，霍尔元件在工作温度范围内，温度每变化1℃，输入电阻 R_1 和输出电阻 R_0 变化的百分率称为内阻温度系数，一般取平均值。

3. 霍尔传感器的应用

霍尔传感器是基于 $U_H = K_H IB \infty \cos\theta$ 的原理工作的，所以利用这一关系可以方便地测量多种物理量，应用领域非常广阔。归纳起来，霍尔传感器的应用可以分为三种类型：

1）维持激励电流 I 不变而使传感器感受的磁场强度 B 变化，从而引起霍尔电势的改变。这方面的应用有：磁场强度的测量（高斯计），微位移（包括角位移）的测量，转速、加速度、压力的测量等。

2）磁场强度 B 不变而使激励电流 I 随被测量变化，可以用于电流、电压的测量或控制。

3）当磁场强度 B 和激励电流 I 都发生变化时，传感器的输出与两者的乘积成正比，这方面的应用有乘法器、功率测量等。

5.3.2 磁敏二极管和磁敏三极管

霍尔元件和磁敏电阻均是用 N 型半导体材料制成的体型元件。磁敏二极管和磁敏三极管是 PN 结型的磁电转换元件。

1. 磁敏二极管的结构和工作原理

（1）结构

磁敏二极管的结构如图 5-14 所示，在高阻半导体芯片（本征型 I）两端，分别制作 P、N 两个电极，形成 P-I-N 结。其中，P、N 均为重掺杂区，本征区 I 长度较长。同时，对 I 区的两侧面进行不同的处理，一个侧面磨成光滑面（为 I 面），而另一面打毛。由于粗糙的表面电子—空穴对易于复合而消失，称其为复合面（r 面）。

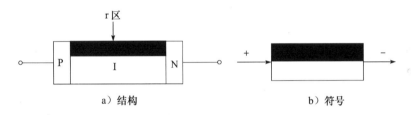

a）结构 b）符号

图 5-14 磁敏二极管结构示意图

（2）工作原理

当磁敏二极管未受到外界磁场作用且外加正偏压时，如图 5-15a 所示，将有大量空穴从 P 区通过 I 区进入 N 区，同时也有大量电子流入 P 区，从而形成电流。此时，只有少量电子和空穴在 I 区复合掉。

当磁敏二极管受到外界磁场 H^+（正向磁场）作用时，如图 5-15b 所示，电子和空穴受到洛仑兹力的作用而向 r 区偏转，由于 r 区的电子和空穴复合速度比光滑面 I 区快。因此，形成的电流因复合而减小。

当磁敏二极管受到外界磁场 H^-（反向磁场）作用时，如图 5-15c 所示。电子、空穴受到洛仑兹力作用而向 I 区偏转，由于电子、空穴复合率明显减小，电流将变大。

利用磁敏二极管在磁场强度变化下电流发生的变化，可实现磁电转换。

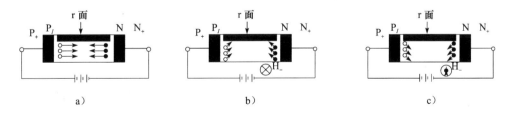

a） b） c）

图 5-15 磁敏二极管工作原理示意图

（3）伏安特性

磁敏二极管正向偏压和通过其上电流的关系被称为磁敏二极管的伏安特性。磁敏二极管在不同磁场强度的作用下，其伏安特性不一样。利用其伏安特性曲线，根据某一偏压下的电流值可确定磁场的大小和方向。

（4）特点

磁敏二极管与其他磁敏器件相比，具有如下特点：

1）灵敏度高。磁敏二极管的灵敏度比霍尔元件高几百甚至上千倍，且线路简单、成本低廉，更适于测量弱磁场。

2）具有正反磁灵敏度，这一点是磁阻器件所欠缺的，因为磁阻器只与 B^2 有关，而方向正反都相同。

3）在较小电流下工作，灵敏度仍很高。

4）灵敏度与磁场呈线性关系的范围比较窄，这一点不如霍尔元件。

5）应用：磁敏二极管可用来检测交、直流磁场，特别适合于测量弱磁场。可对高压线进行不断线、无接触电流测量，还可作为无触点开关、无接触电位计等。

2. 磁敏三极管的结构和工作原理

（1）结构

磁敏三极管的结构如图 5-16 所示。在弱 P 型或弱 N 型本征半导体上用合金法或扩散法形成发射极、基极和集电极。磁敏三极管最大的特点是基区较长，基区结构类似磁敏二极管，也有高复合速率的 r 区和本征 I 区。长基区分为运输基区和复合基区。

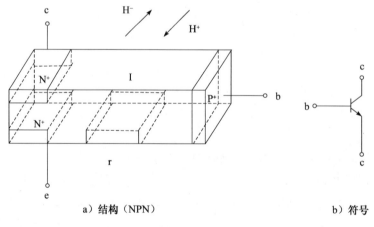

a）结构（NPN）   b）符号

图 5-16　磁敏三极管的结构与符号

（2）工作原理

当磁敏三极管没有受到磁场作用时，其伏安特性类似普通晶体管，只是 $\beta = IcHB \leqslant 1$，这是因为基区宽度大于载流子有效扩散长度，部分载流子通过 e-I-b，形成基极电流，少数载流子输入到 c 极。因而出现基极电流大于集电极电流的情况。

当磁敏三极管受到正向磁场（H^+）作用时，在磁场的作用下，洛仑兹力使载流子偏向发射结的一侧，导致集电极电流显著下降。当受到负向磁场（H^-）作用时，在磁场的作用下，载流子向集电极一侧偏转，使集电极电流增大。由此可知，磁敏三极管在正反向磁场作用下，集电极电流出现明显变化，这样就可以利用磁敏三极管来测量弱磁场、电流、转速、位移等物理量。

（3）磁敏三极管的主要特性

1）磁电特性。

磁敏二极管的磁电特性是其应用的基础，在弱磁场作用下接近于一条直线，即集电极电流的变化随磁感应强度近似为线性关系。

2）伏安特性。

磁敏三极管的伏安特性与普通三极管的伏安特性相似，但电流放大倍数 $\beta \leqslant 1$。

3）温度特性。

磁敏三极管受温度影响较大，使用时必须进行温度补偿。硅磁敏三极管的温度系数为负，锗为正，因此可采用相反温度系数的普通三极管或磁敏二极管及电阻进行补偿。

4）应用。

一般来讲，凡是应用霍尔元件、磁敏二极管的场合均可用磁敏三极管代替，但磁敏三极管的灵敏度比二极管大几倍至十几倍，其工作电压也较宽，由于磁灵敏度高，因此可以用来测量弱磁场、电流、转速、位移等物理量，也可用于磁力探伤、接近开关、位号控制、速度测量和各种工业过程自动控制等技术领域。

5.3.3　磁敏感传感器的应用

下面介绍几种磁敏传感器的应用实例。

1. 霍尔式转速测量传感器

霍尔式转速测量传感器是美国 GM 公司生产的霍尔式发动机曲轴转速测量传感器，通常安装在曲轴前端或后端。传感器由信号轮的触发叶片、霍尔元件、永久磁铁、底板和导磁板等部件构成。霍尔元件上通有恒定电流 I，固定在底板上，信号轮触发叶片由内外两个带触发叶片的信号轮组成，并随旋转轴一起旋转。外信号轮外缘上均布着 18 个触发叶片和触发窗口，每个触发叶片和窗口的宽度为 10^0 弧长，内信号轮外缘上设有三个触发叶片和三个窗口，触发叶片和窗口的宽度均不相同。

信号轮随旋转曲轴转动，当触发叶片进入永久磁铁和霍尔元件之间的空气隙时。霍尔元件上的磁场被触发叶片旁路（或称隔磁），这时由于霍尔元件上磁感应强度 B 减小。故不产生霍尔电压 U_H；当触发叶片离开空气隙时，永久磁铁的磁通便通过导磁板间隙穿过霍尔元件，此时由于霍尔元件上同时通过电流 I 和磁感应强度 B，因此产生霍尔电压 U_H。每当信号轮的触发叶片转至触发位置时，霍尔元件便输出一个脉冲，根据单位时间的脉冲数便可以计算出被测旋转曲轴的转速。

2. 位移传感器

保持霍尔元件的控制电流 I 恒定，使其在一个有均匀梯度的磁场中移动，则霍尔电势与位移量成正比，可表示为 $U_H = K_1 \times x$，其中 x 为沿磁场 x 方向的位移量；K_1 为位移传感器的灵敏系数。磁场梯度越大，灵敏度越高；磁场梯度越均匀，输出电势线性度越好。这种传感器可测 ±0.5mn 的小位移，其特点是惯性小、响应速度快、无触点测量。在此基础上，也可以测量与位移有关的机械量，如力、压力、振动、应变、加速度等。

图 5-17 所示为一种霍尔位移传感器的工作原理，图 5-17a 中产生梯度磁场的磁系统简单，但线性范围窄。特性曲线 I 对应于这种磁路结构，在位移 $\Delta z = 0$ 时，有霍尔电势输出，即 $U_H \neq 0$。图 5-17b 中磁系统由两块场强相同、同极相对放置的磁铁组成，两磁铁正中间处作为位移参考原点，即 $z = 0$，此处磁感应强度 $B = 0$，霍尔电势 $U_H = 0$，在位移量 $\Delta z \leq 2mn$ 范围内，U_H 与 x 间有良好的线性关系，其磁场梯度一般大于 $0.03T/mn$，分辨率可达 $10^6 m$；图 5-17c 中是两个直流磁系统共同形成一个高梯度磁场，磁场梯度可达 $1T/mn$，其灵敏度最高，因此最适合于测量振动等微小位移。

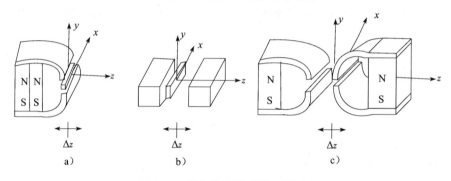

图 5-17　霍尔位移传感器工作原理

霍尔传感器的用途还有很多，它具有结构简单、体积小、灵敏度高、频率响应范围宽、无触点、使用寿命长等优点，因而应用前景十分广泛。

5.4　生物传感器

20 世纪 70 年代以来，生物医学工程迅猛发展，用于检测生物体内化学成分的各种生物传感器不断出现。20 世纪 80 年代后，生物传感器的概念得到公认，作为传感器的一个分支，它从化学传感器中独立出来，并且得到了发展，将生物工程与半导体技术相结合，进入了生物电子学传感器时代。当前，将生物工程技术与电子技术结合起来，利用生物体的奇特功能，制造出类似于生物感觉器官功能的各种传感器是国内外传感器技术研究的一个新课题，成为传感器技术的新发展方向，具有很重要的现实意义。

5.4.1　生物传感器的原理、特点及分类

生物传感器是利用各种生物或生物物质（指酶、抗体、微生物等）作为敏感材料，并将其产生的物理量、化学量的变化转换成电信号，用以检测和识别生物体内的化学成分的传感器。生物传感器通常将生物敏感材料固定在高分子人工膜等固体载体上，被识

别的生物分子作用于人工膜（生物传感器）时，将会产生变化的信号（电位、热、光等）输出，然后采用电化学法、热测量法或光测量法等方法测出输出信号。

1. 生物传感器的基本原理

生物传感器的基本原理如图5-18所示，它是由敏感膜和敏感元件两部分组成。被测物质经扩散进入生物敏感膜层，经分子识别，发生生物学反应（物理、化学变化），产生的物理、化学现象或产生新的化学物质，由相应的敏感元件转换成可定量和可传输、处理的电信号。

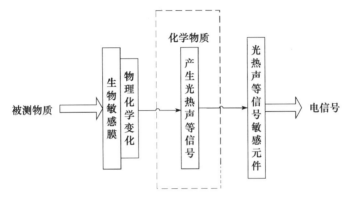

图 5-18   生物传感器原理框图

生物敏感膜又称为分子识别元件，是利用生物体内具有奇特功能的物质制成的膜，它与被测物质相接触时伴有物理、化学变化的生化反应，可以进行分子识别。生物敏感膜是生物传感器的关键元件，它直接决定着传感器的功能与质量。由于选材不同，可以制成酶膜、全细胞膜、组织膜、免疫膜、细胞器膜、复合膜等。

2. 生物传感器的分类

按照敏感膜材料（分子识别元件）和敏感元件（电信号转换元件）的不同，生物传感器有多种分类方法，常用的有以下两种分类法。

（1）按敏感膜材料分类

按照敏感膜材料的不同，生物传感器可分为细胞器传感器（organall sensor）、微生物传感器（microbial sensor）、免疫传感器（immunol sensor）、酶传感器（enzyme sensor）和组织传感器（tissue sensor）五大类（如图5-19所示）。

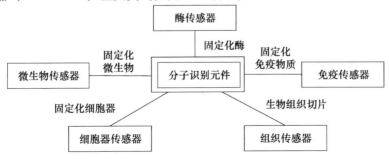

图 5-19   生物传感器按敏感膜分类

（2）按敏感元件分类

按照敏感元件的工作原理不同，生物传感器可分为生物电极（bioelectrode）、热生物传感器（calorimetric biosensor）、压电晶体生物传感器（piezoelectric biosensor）、半导体生物传感器（semiconduct biosensor）、光生物传感器（optical biosensor）和介体生物传感器（medium biosensor）等（如图 5-20 所示）。

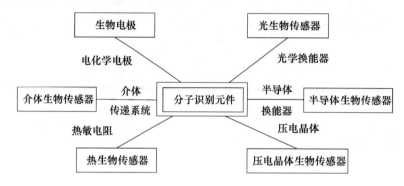

图 5-20　生物传感器按敏感元件分类

随着生物传感器技术的不断发展，近年来又出现了新的分类方法。例如，分为微型生物传感器，即直径在微米级甚至更小的生物传感器；亲和生物传感器，即以分子之间的识别和结合为基础的生物传感器；复合生物传感器，即由两种以上不同分子敏感膜材料组成的生物传感器（如多酶复合传感器）；多功能传感器，即能够同时测定两种以上参数的生物传感器（如味觉传感器、嗅觉传感器、鲜度传感器等）。

3. 生物传感器的特点

与通常的化学分析法相比，利用生物传感器进行分析具有以下优点：

1）分析速度快，可以在较短的时间内得到结果；

2）准确度高，一般相对误差可以达到 1%；

3）操作较简单，容易实现自动分析；

4）使用寿命较短。

5.4.2　几种生物传感器及其分类

1. 酶传感器

（1）酶的特性与特点

酶是由生物体内产生并具有催化活性的一类蛋白质，此类蛋白质表现出特异的催化功能，因此，酶被称为生物催化剂。酶在生命活动中起着极其重要的作用，它参加新陈代谢过程的所有生化反应，并以极高的速度维持生命的代谢活动（包括生长、发育、繁殖与运动）。目前，已鉴定出的酶有 2000 余种。

酶与一般催化剂的相似之处是：在相对浓度较低时，仅能影响化学反应的速度，而不改变反应的平衡点。

酶与一般催化剂的不同之处是：①酶的催化效率比一般催化剂要高 $10^6 \sim 10^{13}$ 倍；②酶催化反应条件较为温和，在常温、常压条件下即可进行；③酶的催化具有高度的专一性，即一种酶只能作用于一种或一类物质，产生一定的产物，而非酶催化剂对作用物没有如此严格的选择性。

（2）酶传感器的结构与原理

目前，常见的酶传感器有电流型和电位型两种。其中，电流型酶传感器的技术原理是：由与酶催化反应相关物质的电极进行化学反应所得到的电流来确定反应物质的浓度，一般采用氧电极、H_2O_2 电极等；而电位型是通过电化学传感器件测量敏感膜电位来确定与催化反应有关的各种物质的浓度，一般采用 NH_3 电极、CO_2 电极、H_2 电极等。表 5-1 列出了两类传感器的特点，可以看到，电流型是以氧或过氧化氢作为检测方式，而电位型是以离子作为检测方式。

表 5-1　酶传感器分类

	检测方式	被测物质	酶
电流型	氧检测方式	葡萄糖 过氧化氢 尿酸 胆固醇	葡萄糖氧化酶 过氧化氢酶 尿酸氧化酶 胆固醇氧化酶
	过氧化氢检测方式	葡萄糖 L-氨基酸	葡萄糖氧化酶 L-氨基酸氧化酶
电位型	离子检测方式	尿素 L-氨基酸 D-氨基酸 天门冬酰胺 L-酪氨酸 L-谷氨酸 青霉素	尿素酶 L-氨基酸氧化酶 D-氨基酸氧化酶 天门冬酰胺酶 酪氨酸脱羧酶 谷氨酸脱氢酶 青霉素酶

下面以葡萄糖酶传感器为例说明其工作原理与检测过程。图 5-21 为葡萄糖酶传感器的结构原理图，它的敏感膜为葡萄糖氧化酶，固定在聚乙烯酰胺凝胶上。敏感元件由阴极 Pt、阳极 Pb 和中间电解液（强碱溶液）组成。在电极 Pt 表面上覆盖一层透氧化的聚四氟乙烯膜，形成封闭式氧电极，它避免了电极与被测液直接接触，防止电极毒化。当电极 Pt 浸入含蛋白质的介质中，蛋白质会沉淀在电极表面上，从而减小电极有效面积，使两电极之间的电流减小，传感器受到毒化。

测量时，葡萄糖酶传感器插入到被测葡萄糖溶液中，由于酶的催化作用而耗氧（过氧化氢，H_2O_2），其反应式为：

$$\text{葡萄糖} + H_2O_2 + O_2 \xrightarrow{\text{GOD}} \text{葡萄糖酸} + H_2O_2 \tag{5-6}$$

式中，GOD 为葡萄糖氧化酶。

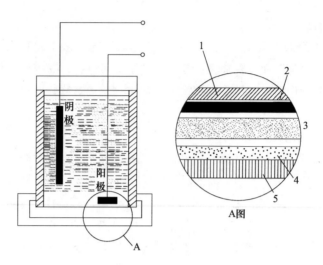

图 5-21　葡萄糖酶传感器的结构原理图
1—Pt 阴极　2—聚四氯乙烯膜　3—固相酶膜　4—半透膜多孔层　5—半透膜致密层

由式（5-6）可知，葡萄糖氧化时产生 H_2O_2，而 H_2O_2 通过选择性透气膜，使聚四氟乙烯膜附近的氧化量减少，相应电极的还原电流减少，从而通过电流值的变化来确定葡萄糖的浓度。

值得指出是，酶作为生物传感器的敏感材料虽然已有许多应用，但其价格比较昂贵及性能不够稳定，其应用也受到限制。

2. 微生物传感器

近年来，随着微生物固化技术的不断发展，固化微生物越来越多地被用于生物化学中，于是产生了微生物传感器。

微生物本身就是具有生命活性的细胞，具有各种生理机能，其主要机能有呼吸功能（O_2 的消耗）和新陈代谢机能（物质的合成与分解），而且也具有菌体内的复合酶功能、能量再生功能、辅助酶再生功能等。因此，在不损坏微生物机能的情况下，微生物传感器要考虑的是如何将细胞内的酶反应与电化学过程结合起来。

（1）生物活性材料固定化技术

在研制生物传感器时，关键是将生物活性材料与载体固定化成为生物敏感膜，而且固定化生物敏感膜应该具有以下特点：

1）对被测物质的选择性好、专一性好；

2）性能稳定；

3）可以反复使用，长期保持其生理活性；

4）使用方便。

常用的载体有三大类：

1）丙烯酰胺系聚合物、甲基丙烯系聚合物等合成高分子；

2）胶原、右旋糖酐、纤维素、淀粉等天然高分子；

3）陶瓷、不锈钢、玻璃等无机物。

常用的固定化方法有：

1）夹心法：将生物活性材料封闭在双层滤膜之间的方法。该方法的特点是操作简单，不需要任何化学处理，固定生物量大，响应速度快，重复性好。

2）吸附法：用非水溶性固相载体物理吸附或离子结合，使蛋白质分子固定化的方法。载体种类较多，如活性炭、高岭土、硅胶、玻璃、纤维素、离子交换体等。

3）包埋法：把生物活性材料包埋并固定在高分子聚合物三维空间网状结构基质中。该方法的特点是一般不产生化学修饰，对生物分子活性影响较小，缺点是分子量大的底物在凝胶网格内扩散较困难。

4）共价连接法：使生物活性分子通过共价键与固相载体结合固定的方法。该方法的特点是结合牢固，生物活性分子不易脱落，载体不易被生物降解，使用寿命长，缺点是实现固定化麻烦，酶活性可能因发生化学修饰而降低。

5）交联法：依靠双功能团试剂使蛋白质结合到惰性载体或蛋白质分子，形成彼此交联成网状态结构。该方法广泛用于酶膜和免疫分子膜制备，操作简单，结合牢固。

近年来，由于半导体生物传感器迅速发展，因而又出现了采用集成电路工艺制膜技术，如光平板印刷法、喷射法等。

3. 免疫传感器

免疫传感器是利用免疫反应制成的，它是利用抗体识别抗原并与抗原结合的功能的生物传感器，通过固定化抗体（或抗原）膜与相应的抗原（或抗体）的特异反应使生物敏感膜的电位发生变化。免疫传感器一般可分为非标识免疫传感器和标识免疫传感器。当抗体固定在传感器表面，且传感器表面与含有抗原体的溶液接触时，传感器表面就会形成抗菌素体的复合体，比较抗原抗体复合体形成前后的特性，即可知发生的物理变化，此种结构的传感器称为非标识免疫传感器。标识免疫传感器是利用酶的标识剂来增加免疫传感器的检测灵敏度。前者适合定量检测，后者适合如荷尔蒙、胰岛素等高灵敏度检测。

4. 微生物传感器的分类

微生物传感器从工作原理上可分为呼吸机能型和代谢机能型两类，其结构原理框图如图 5-22 所示。

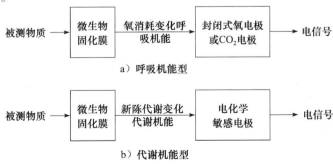

图 5-22 微生物传感器原理结构图

1）呼吸机能型微生物传感器

微生物呼吸机能存在好气型和厌气型两种，其中好气型微生物生长需要氧气，可通过测量氧气来了解其生理状态；而厌气型微生物不需要氧气，氧气反而会阻碍它的生长，可通过测量 CO_2 消耗及其他生物来了解其生理状态。呼吸机能型微生物传感器是指好气型细菌呼吸时使有机物氧化，消耗氧并生成 CO_2，从而可用 O_2 电极或 CO_2 电极进行检测。呼吸机能型微生物传感器是由微生物固化膜和 O_2 电极 CO_2 电极）组成。在用 O_2 作为电极时，将微生物放在纤维性蛋白质中固化处理，然后将固化膜附着在封闭式 O_2 电极的透氧膜上。测量时，微生物传感器放入含有有机化合物被测溶液中，于是有机物向微生物固化膜扩散，从而被微生物摄取（称为资化）。由于微生物对有机物摄取情况不同，因此，可通过测量 O_2 电极转变为扩散电流值来测定有机物浓度。呼吸机能型微生物传感器的时间响应曲线中稳定电流值表示传感器放入待测溶解 O_2 饱和溶液中的微生物呼吸水平。当溶液加入葡萄糖或谷氨酸等营养液后，传感器电流迅速下降，并达到新的稳定电流值，这说明微生物在摄取葡萄糖等营养源时呼吸机能增加，即耗氧量增加，导致向 O_2 电极扩散氧气量减少，使电流值下降，直到被测溶液向固化微生物膜扩散的 O_2 与微生物呼吸消耗的 O_2 之间再次达到平衡时，才能得到相应的稳定电流值。由此可见，添加营养液时的电流稳定值与未添加营养液时的电流稳定值之差与样品中的有机物浓度成正比。

2）代谢机能型微生物传感器

代谢机能型传感器，即微生物代谢产物是电极活性物质，通过惰性金属电极进行电信号检测。例如，某些氢菌的微生物可使葡萄糖、蔗糖、淀粉及各种氨基酸的蛋白质转化产生氢，从而通过测量氢的氧化电流获得微生物的作用。

代谢机能型生物传感器的基本原理是微生物使有机物资化而产生各种代谢生成物。在这些代谢生成物中，含有遇电极产生电化学反应的物质（即电极活性物质）。因此微生物固定化膜与离子选择性电极（或燃料电池型电极）相结合就构成了代谢机能型微生物传感器。将产生氢的酪酸梭状芽菌固定在低温胶冻膜上，并将其装在燃料电池 Pt 电极上。Pt 电极、Ag_2O_2 电极、电解液（0.1mol/L 磷酸缓冲液）以及液体连接面组成传感器。当传感器浸入含有甲酸的溶液时，甲酸通过聚四氟乙烯膜向酪酸梭芽菌扩散，被资化后产生 H_2，而 H_2 又穿过 Pt 电极表面上的聚四氟乙烯膜与 Pt 电极产生氧化还原反应电流，此电流与微生物所产生的 H_2 含量成正比，而 H_2 量又与待测甲酸浓度有关，因此传感器能测定发酵溶液中的甲酸浓度。

5.4.3　生物传感器的应用

生物传感器发展至今，在医学、环境监测、食品工业、军事等方面得到了广泛的应用。

1. 在医学领域中的应用

生物传感技术因为具有专一、灵敏、响应快等特点而为基础医学研究及临床诊断提供了一种快速简便的新型方法，具有广泛的应用前景。目前有一种基于酶催化沉积放大的日本血吸虫压电免疫传感器。它用纳米金单层膜将日本血吸虫抗原固定在石英晶振金电极表面，再将过氧化物酶标记的蛋白 A 与日本血吸虫抗体结合成复合物，利用 HRP 催化底物 H_2O_2，在晶振表面产生不溶产物，使免疫检测信号得到明显放大。其抗体检测范围为 $10 \sim 200 ng/mL$，最低检测限为 $5 ng/mL$。

还有一种技术是将白血病单克隆抗体通过纳米金蛋白 A 固定在晶体表面，研制出临床检测急性白血病的石英晶体微天平免疫传感器。传感器为 2×2 型探针，经过技术改进的传感器能在 5 分钟内迅速检测出白血病样品，并可以动态地监测免疫反应过程。

2. 在食品安全上的应用

生物传感器可用于食品成分、食品添加剂、有害毒物及食品鲜度等的测定分析。

目前有一种检测葡萄球菌肠毒素 B（简称 SEB）的压电免疫传感器，其为毫米级传感器，在样品溶液流速为 $1 mL/min$ 时，SEB 的检测范围为 $12.5 \sim 50 pg/mL$。用 pH2.0 的 HCl/PBS 洗脱液洗脱被抗体分子探针捕获在表面上的 SEB，之后再使用 pH7.4 的 PBS 清洗传感器表面，可以实现抗体表面的再生。

检测蝮蛇毒的压电免传感器，用巯基丙酸在镀银电极石英晶体表面自组装巯基丙酸单分子膜，偶联抗蝮蛇毒球蛋白构建传感器探头，组成的检测器对蝮蛇毒响应良好。传感器最低检测浓度为 $0.1 \mu g/mL$，检测限范围为 $0.1 \sim 5.0 \mu g/mL$。

以氧化酶为生物敏感材料结合过氧化氢电极制备出的生物传感器，可通过测定鱼降解过程中产生的代谢物（如磷酸肌苷、次黄嘌呤和肌苷的浓度）来评测鱼的新鲜度。

习题5

1. 简述化学传感器的主要特点。
2. 比较各种压电材料压电特性的差异。
3. 简述霍尔效应的原理。
4. 生物传感的主要应用领域有哪些？
5. 磁敏二极管和磁敏三极管的主要区别是什么？

参考文献

［1］　赵常志，等. 化学与生物传感器［M］.北京：科学出版社，2012.
［2］　埃金斯. 化学传感器与生物传感器［M］.罗瑞贤，陈亮寰，陈霭璠，译. 北京：化学工业出版社，2005：90-124.
［3］　张晓娜，胡孟谦. 传感器与检测技术［M］.北京：化学工业出版社，2014：25-29.
［4］　刘捷. 传感器技术［M］.北京：化学工业出版社，2013：34-41.
［5］　杨频，高飞. 生物无机化学原理［M］.北京：科学出版社，2001：26-29.
［6］　何星月，刘之景. 生物传感器的研究现状及应用［J］.传感器世界，2002，10：1-6.
［7］　张振瀛，李天玉. 生物传感器及其发展概况［J］.西北农业大学学报，1994，22：111-115.

第 6 章 传感器的信号处理

传感器能将外部物理量转换为电量，其电信号的形式多为电荷、电压、电阻、电流等，为了在不影响传感器工作的前提下将其电信号引出并供后续电路使用，需要采用适当的电路，这些电路包括电荷放大器、电桥放大器、射极跟随器等。此外，对于有些传感器来说，还需要作线性补偿或温度补偿等。经过上述处理的信号，其电压幅度不一定能够满足设计要求，为此，进一步的信号放大是十分必要的。

6.1 信号处理概述

信号处理是检测系统的重要组成部分，它的作用是将传感器输出的电信号进行读出、补偿、放大等，使其形成具有良好信噪比及一定幅值的电压或电流信号。通过信号处理电路输出的信号可以克服环境的某些物理因素，如温度的干扰，从而具有良好的线性特性。

信号处理电路的组成可根据传感器的具体特性而定，包括信号的引出、线性补偿、温度补偿、信号放大等。

6.1.1 信号的引出

引出传感器的信号前通常需要考虑传感器输出信号的类型、传感器的内阻等因素。例如，对于电荷输出型传感器，需要用电荷放大器将电荷信号引出；电阻输出型传感器可以用直流电桥放大器等电路引出；电感或电容型传感器可以采用交流电桥、脉冲调宽或相敏检波等电路引出。对于内阻高的传感器，需要用阻抗匹配电路将高内阻的传感器信号转换为低阻抗输出的信号。

有些传感器（如 LCD、压电传感器等）的输出电信号为电荷量，这些有源电荷器件都具有高内阻、小功率的弱点，因此

需要信号读出电路具有以下三个功能：

1）较强的抗干扰能力：由于电荷输出传感器的信号极其微弱，因此，电缆的分布电容、电路的漏电导、噪声等外部因素都会对信号输出产生严重干扰。

2）可将电荷信号转换为常规后续电路能够处理的电压或电流信号。

3）可将传感器的高内阻转换为低输出阻抗，从而便于一般放大电路对其信号加以处理。

电荷放大器恰好能够满足上述要求，它利用电容反馈原理将输入电荷量转换为电压信号，使放大器的输出电压正比于传感器的电荷信号；另一方面，电荷放大器是一种具有高增益的运算放大器，其主要特点是输出阻抗低，因此，可以将传感器的高输出阻抗转换为低输出阻抗，起到阻抗匹配的作用。

电荷输出的传感器表现为一个有源电容器件，可以从两个角度加以等效，一是将其等效为与电容 C_s 相并联的电流源 Q，如图 6-1a 所示；二是将其等效为与电容 C_s 串联的电压源 e_1，如图 6-1b 所示。并且

$$e_1 = Q/C_s \tag{6-1}$$

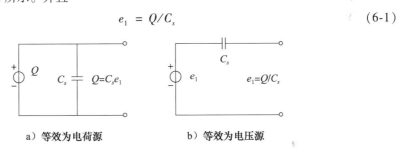

a）等效为电荷源　　　　　　b）等效为电压源

图 6-1　电荷输出传感器的等效

传感器的输出阻抗都比较高，这种高内阻信号源与测量电路相接后，尽管传感器的空载信号足够大，但由于测量电路输入阻抗（相当于传感器的负载）的原因，会造成传感器信号的衰减。为使测量系统更准确地拾取传感器输出信号，常常采用高输入阻抗的射极跟随器作为前置电路。

射极跟随器最常见的电路是晶体管共集电极电路，有时为了进一步提高电路的输入阻抗，可以采用自举电路与共集电极电路并用或者采用达林顿电路与共集电极电路并用的形式，也可以用运算放大器构成射极跟随器。

电桥电路是最常用的阻抗型（电阻、电容、电感）传感器信号转换电路，电路将传感器的阻抗变化转换为电压量送入运算放大器。也可采用传感器电桥放大器的形式，将电桥与放大器合而为一，构成一个集转换与放大于一体的电路形式。

电桥放大器的桥路形式很多，选用桥式电路时要考虑的因素有：供给桥路的电源是接地还是浮地；传感元件是接地还是浮地；输出是否呈线性关系等。

6.1.2　补偿电路

温度是影响传感器工作的最常见的环境干扰因素，许多传感器或多或少地会受到温

度的影响，导致测量温差。温度对传感器的影响表现在两个方面，一是传感器零点输出随温度变化而发生漂移，称作零点温漂或零点温度特性，如图6-2a所示，传感器输出与输入的关系为

$$y(x) = b(T) + K_1 x + K_2 x^2 + K_3 x^3 + K_4 x^4 + \cdots \qquad (6\text{-}2)$$

式中，$b(T)$ 为传感器的零点（截距），是一个随温度而变化的量，也就是说，$b(T)$ 是温度 T 的函数。

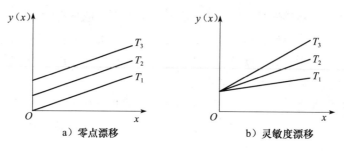

a）零点漂移　　　　　　　　b）灵敏度漂移

图6-2　温度漂移

$b(T)$ 与温度 T 的函数关系为

$$b(T) = b_0 + f_b(T) \qquad (6\text{-}3)$$

二是传感器灵敏度随温度的变化而发生漂移，称作灵敏度温漂或灵敏度温度特性，如图6-2b所示，传感器输出与输入的关系为

$$y(x) = b + K_1(T)x + K_2(T)x^2 + K_3(T)x^3 + K_4(T)x^4 \qquad (6\text{-}4)$$

式中，$K_1(T)$（即 $K_1(T)$、$K_2(T)$、$K_3(T)$、$K_4(T)$、$\cdots$）为传感器的灵敏度（斜率），它们都不同程度地随温度的变化而变化。$K_1(T)$ 与温度 T 的函数关系为

$$K_1(T) = K_0 + f_1(T) \qquad (6\text{-}5)$$

在传感器的应用中，总是希望传感器的特性不受环境温度的影响，为此，需要采用一定的办法，抑制环境温度对传感器的影响程度，将其限定在一定的范围以内，这一调节过程叫作温度补偿。

对传感器进行温度补偿是十分必要的。温度补偿的电路很多，需要根据具体的传感器类型以及受温度影响的程度、定量关系等决定，没有一个统一的电路结构。

零点温度补偿的原理是，一般设定一个随温度变化的量，使它与传感器零点输出随温度的变化相抵消。灵敏度温度补偿则是调整传感器灵敏度，使其不随温度变化，或将该变化限制在一定的范围内。对于灵敏度与供电电源的电压或电流有关的传感器，通常采用的一种方法是调整供电电源，利用供电电源随温度的变化抵消灵敏度随温度的变化。

一般地，我们总是希望传感器的输出量与被测物理量是线性关系，从而保证在整个测量范围内灵敏度比较均匀，便于测量结果的处理。然而，实际的传感器往往是非线性的输出特性，它们输出的电信号与被测物理量之间的关系是非线性的。为此，必要的时候，需要对传感器的信号加以线性化，即线性补偿。

传感器的非线性特性各有不同，但是按其非线性关系的数学类型可分为两类，即指

数曲线型和有理代数函数型。具有指数曲线型非线性特性的传感器，其输出是输入的指数函数，一般可表示为 $U_0 = ae^{bL} + c$。热敏二极管、热敏电阻等传感器就具有指数曲线型非线性特性。

具有有理代数函数型非线性特性的传感器，其输出是输入的有理代数函数，一般可表示为 $U_r = a_0 + a_1 U_t + a_2 U_t^2 + a_3 U_t^3 + \cdots$。热电阻、热电偶等传感器就具有有理代数型非线性特性。

就像霍尔元件存在不等位电势的补偿问题一样，传感器的补偿电路也不仅仅只有温度补偿和线性补偿。对于不同的传感器，为了克服其自身的不足，提高测量精度可能还会有其他特殊的补偿要求。

6.1.3   放大电路

传感器输出的信号一般在幅值上不能满足后续器件，如指示仪表、模数转换等器件的满值要求，因此，测量电路通常都有信号放大级，其功能有二：一是可将传感器输出的微弱信号放大到足以推动指示器、记录仪或各种控制机构；二是可将传感器输出的微弱信号放大到与模数转换器件输入电压范围相吻合的量。

有些传感器的输出信号中可能包含工频、静电和电磁耦合等共模干扰，这就需要使用合适的放大器对信号进行放大处理。用于传感器信号放大的电路最好具有很高的共模抑制比以及高增益、低噪声和高输入阻抗，满足这种要求的放大电路通常称为测量放大器（或精密放大器、仪表放大器）。

测量放大器可以用多个通用运算放大器按一定的电路结构组合而成，也有各种集成测量放大器，但集成测量放大器的价格比较昂贵，我们可以根据具体情况选择合适的器件。实际上，用运算放大器也可以组成性能价格比较高的测量放大电路。

6.2   传感器信号引出

6.2.1   电荷放大器

1. 电荷放大器工作原理

图 6-3a 所示为电荷放大器的原理电路，放大器的反相输入端与传感器相连，反馈电容 C_f 的作用是将输出反馈至输入端。

在理想情况下，若放大器开环增益 A_d 很大，则反相输入端虚地点对地电位趋近于零。由于放大器的直流输入电阻很高，因此传感器的输出电荷 Q 只对电容 C_f 充电，C_f 上的充电电压为 $U_c = Q/C_f$，此电压就是电荷放大器的输出电压（$U_0 = -Q/C_f$）。也就是说，电荷放大器的输出电压仅与输入电荷成正比，和反馈电容 C_f 成反比，与其他电路参数、输入信号频率都无关。

实际上，由于分布电容、漏电导等各种因素的影响，电荷放大器的实际输出并不这么理想，图 6-3b 为实际情况下电荷放大器的等效电路。其中 C_s 为传感器固有电容；C_C 为输入电缆等效电容；C_1 为放大器输入电容；C_f 为反馈电容；G_C 为输入电缆的漏电导；G_i 为放大器的输入电导；G_f 为反馈电导。

图 6-3b 为将传感器作为电荷源等效的电路，也可以用图 6-1b 所示的电压源代替，即与电容 C_s 串联的电压源 e_1c。

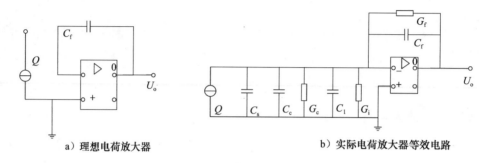

a）理想电荷放大器　　　　　　　　　b）实际电荷放大器等效电路

图 6-3　电荷放大器的原理电路

根据等效电路可得

$$(e_i - U_F)j\omega C_s = U_F\big[(G_C + G_1) + j\omega(C_C + C_i)\big]$$
$$+ (U_F - U_o)(G_f + j\omega C_f) \tag{6-6}$$

式中，U_F 为运算放大器反向端电压。对于理想运算放大器，$U_o = -A_d U_F$，因此有

$$U_o = \frac{-j\omega Q A_d}{(G_f + j\omega C_f)(1 + A_d) + G_1 + G_C + j\omega(C_e + C_1 + C_s)} \tag{6-7}$$

可见，对于一个实际的电荷放大器，其输出电压不仅与输入电荷 Q 有关，而且与电路的其他参数有关，包括传感器固有电容、输入电缆等效电容、放大器输入电容、反馈电容、输入电缆的漏电导、放大器的输入电导、反馈电导、信号频率、放大器的开环增益等。

在通常情况下，G_e、G_i 和 G_f 均很小，因此，式（6-7）可简化为

$$U_o = \frac{-Q A_d}{C_f(1 + A_d) + (C_e + C_1 + C_s)} \tag{6-8}$$

如果再进一步假设 C_S（一般为几十 pF）、C_e（一般约为 100pF/m）和 C_i（一般 $10^2 \sim 10^5$pF）也很小，且运算放大器的开环增益很大，那么电荷放大器的理想特性就与图 6-3a 的理想电路完全一样，即电荷放大器的输出电压 $U_o = -Q/C_f$。这就意味着只有在满足前面各种假设的条件下，电荷放大器才能获得近似的理想特性。

2. 电荷放大器的误差特性

电荷放大器是一种具有电容反馈的运算放大器，运算放大器的运算误差与其开环电压增益成反比。定义电荷放大器的测量误差为 $\delta =$（理想电荷放大器输出 − 实际电荷放大器输出）/理想电荷放大器输出。当 C_1 很小时，实际电荷放大器的测量误差 δ 与开环电压增益 A_d 成反比，即

$$\delta = \frac{Q/C_f - \left[- \dfrac{A_d Q}{C_1(1 + A_d) + (C_c + C_s)} \right]}{-Q/C_1} \times 100\%$$

$$- \frac{C_c + C_f + C_s}{C_f(1 + A_d) + (C_c + C_s)} \times 100\% \tag{6-9}$$

3. 电荷放大器的频率特性

如果运算放大器的开环增益 A_d 足够大，则式（6-7）可以简化为

$$U_o = \frac{-j\omega Q A_d}{(G_f + j\omega C_f)(1 + A_d)} = \frac{-j\omega Q}{(G_f + j\omega C_f)} \tag{6-10}$$

放大电路的幅频与相频特性为

$$|U| = \frac{-\omega Q}{\sqrt{G_f^2 + (\omega C_f)^2}} = \frac{-Q}{\sqrt{(G_f/\omega)^2 + (C_f)^2}} \tag{6-11}$$

$$\varphi = \frac{\pi}{2} - \arctan(\omega C_f / G_f) \tag{6-12}$$

式（6-11）和式（6-12）表明，电荷放大器的输出电压 U_0 与信号角频率 ω 密切相关，低频信号的 ω 低，$|G_f/\omega|$ 大，放大电路的输出幅值小；相反，高频信号的 ω 高，$|G_f/\omega|$ 小，放大电路的输出幅值大，当 ω 达到一定程度时，可以忽略 $|G_f/\omega|$。

令电荷放大器的时间常数 $\tau = C_1/G_f$，那么，电荷放大器的低频截止频率为

$$f_L = \frac{1}{2\pi\tau} \tag{6-13}$$

若要设计下限截止频率 f_L 很低的电荷放大器，则需要选择足够大的反馈电容 C_f 及反馈电阻 R_f（$= 1/G_f$），也就是增大反馈回路时间常数 τ。为了得到很大的反馈电阻 R_f，可以采用高输入阻抗场效应管作输入级，才能保证有强的直流负反馈以减小输入级零点漂移。例如：$G_f = 10^{-10}$、$A_d = 10^4$、$C_f = 100\mathrm{pF}$，则下限截止频率为 $0.16\mathrm{Hz}$；同样开环增益的放大器，若采用 $10000\mathrm{pF}$、$G_f = 10^{-12}$，则下限截止频率为 $0.16 \times 10^{-4}\mathrm{Hz}$。

限制电荷放大器的高频响应特性的器件主要是输入电缆的分布电容 C_c，尤其是输入电缆很长，达数百米甚至数千米的情况下。若电缆分布电容以 $100\mathrm{pF/m}$ 计，则 $100\mathrm{m}$ 电缆的等效分布电容为 $10^4\mathrm{pF}$，$1000\mathrm{m}$ 电缆的等效分布电容为 $10^5\mathrm{pF}$。当输入电缆很长时，电缆本身的直流电阻 R_c 亦随之增大。通常情况下，$100\mathrm{m}$ 输入电缆的直流电阻 R_c 约为几十欧姆。若将长电缆分布电容及直流电阻用一等效电容 C_c 及等效电阻 R_c 代替，则可以求得电荷放大器上限截止频率为

$$f_H = \frac{1}{2\pi R_c(C_c + C_s)} \tag{6-14}$$

4. 电荷放大器的噪声及漂移特性

由于电荷放大器的输入电缆可以达数百米甚至更长，因此电缆带来的噪声是电荷放大器噪声的重要来源之一，电荷放大器噪声的另一个主要来源是输入级元器件的电噪声。

与其他放大器一样，电荷放大器的零点漂移主要是由于输入级的差动晶体管的失调电压及失调电流产生的。如果输入级用场效应管，则输入偏置电流很小，放大器的失调电压成为引起零点漂移的主要原因。

图 6-4 所示为输入端含有噪声和零漂的电荷放大器等效电路，图中各元件含义同图 6-3b 的标注。其中，U_n 是等效输入噪声电压，U_{offset} 是等效输入失调电压。

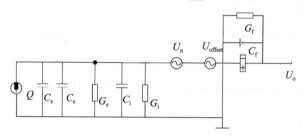

图 6-4 带噪声和零漂的电路放大器等效电路

不管输入电荷 Q 及零漂电压 U_{offset}，单独分析噪声 U_n 产生的噪声输出电压 U_1，有

$$U_n[j\omega(C_c + C_s) + G_i + G_c] = (U_1 - U_N)(j\omega C_F + G_f)$$

$$U_1 = \left[1 + \frac{j\omega(C_f + C_s) + G_i + G_c}{j\omega C_f + G_f}\right]U_n \tag{6-15}$$

可见，当等效输入噪声电压 u_n 一定时，C_s 和 C_c 越小，C_f 越大，输出噪声电压 U_1 越小。相反，若输入电缆越长（C_c 越大），反馈电容 C_f 越小，则相应噪声电压 U_n 的增益越大，在输出端引起的噪声电压 U_1 也就越大。

同样可以不管输入电荷 Q 及零漂电压 U_n，单独分析电荷放大器的零漂 U_{offset} 产生的输出漂移电压 U_2，如下：

$$U_2 = \left[1 + \frac{j\omega(C_c + C_s) + G_i + G_c}{j\omega C_F + G_f}\right]U_{offset} \tag{6-16}$$

零漂的变化总是比较缓慢的，因此可以认为式（6-16）中的 $\omega = 0$，则

$$U_2 = \left[1 + \frac{G_i + G_e}{G_f}\right]U_{offset} \tag{6-17}$$

可见，为了减小电荷放大器的零漂，必须减小 G_i、G_c，也就是说，需要提高放大器的输入电阻及电缆绝缘电阻，同时要增大 G_f，即减小反馈电阻 R_f。不过，减小 R_f 会导致下限截止频率的提高。因此，减小零点漂移与降低下限截止频率是互相矛盾的，必须根据具体使用情况选择适当的 R_f 值。

除此之外，由于电荷放大器是电容反馈，放大器供电电源的纹波电压很容易通过杂散电容耦合到输入端，C_f 越小，杂散电容对电荷放大器的影响也越灵敏。为了减小电源的纹波电压干扰，电荷放大器的输入端必须进行严格的静电屏蔽。

6.2.2 射极跟随器

射极跟随器一般拾取传感器信号后，输出具有特定输出阻抗的信号，其输出阻抗同

后续电路的输入阻抗相匹配。对于传感器来说,如果其具有高的输出阻抗,则对信号的引出是不利的。为了能够更好地拾取传感器输出信号,常常采用高输入阻抗的射极跟随器作为前置电路,以将传感器的高阻抗信号转换为低输出阻抗的信号。

图6-5a所示为简单的共集电极射极跟随电路,它采用晶体管 VT_1 作为输入级放大元件,具有内阻 R_s 的传感器信号 U_s 通过耦合电容 C_1 接入电路,偏置电阻 R_1、R_2 为晶体管 VT_1 提供基极偏置,发射极电阻 R_e 作为反馈电阻,起到稳定晶体管工作点的作用。负载电阻 R_L 通过电容 C_2 与集电极电阻并联,电路输出电压 U_{out}。电路的交流等效电路如图6-5b所示。电路的输入阻抗 R_{in} 由偏置电阻 R_1、R_2 和晶体管输入电阻 r_1 的并联构成,即

$$R_{in} = R_1//R_2//r_1 \tag{6-18}$$

式中, $r_1 = R_1 + (1+\beta)\ R_e//R_L$; β 为电流放大系数。

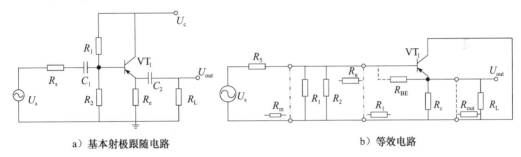

a)基本射极跟随电路　　　　　　　　　　b)等效电路

图6-5　共集电极射极跟随器及其等效电路

将 r_1 带入式(6-18)中并近似取值,可得输入电阻抗 R_{in} 为

$$R_{in} \approx R_1//R_2//\left(\beta\frac{R_e R_L}{R_e + R_L}\right) \tag{6-19}$$

电路的输出阻抗 R_{out} 由电阻 R_a、发射极电阻 R_e 和晶体管基射极电阻 R_{BE} 构成,即

$$R_{out} = R_e//\left(\frac{R_{BE} + R_a}{1 + \beta}\right) \tag{6-20}$$

式中, $R_a = R_1//R_2//R_3$。

为了进一步提高射极跟随器的输入阻抗,可以将图6-5所示的电路改进为自举式射极跟随电路,如图6-6a所示。电路的输入阻抗由自举电阻 R_3、射极电阻 R_e、晶体管基射极电阻 R_{BE} 和输出电阻 R_L 决定,即

$$R_m = \beta(R_e//R_L)//\left(\beta R_3 \frac{R_v//R_L}{R_{BE}}\right) \tag{6-21}$$

不过,如果负载电阻 R_L 不够大,则图6-6a所示的自举电路输入阻抗就不会得到多大的提高,在这种情况下,可以采用达林顿电路解决问题,如图6-6b所示。电路中 R_1、R_2、R_{e1} 的取值宜小不宜大,其中的 R_{e1} 也可以不用。电路的输入电阻 R_m 为

$$R_{in} \approx \beta_1 R_{BE2} + \beta_1\beta_2 R_{v2}//R_L \tag{6-22}$$

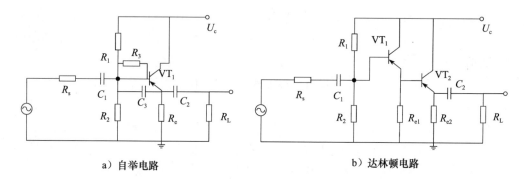

a）自举电路　　　　　　　　　　　　b）达林顿电路

图 6-6　改进的射极跟随电路

除上述电路以外，也可以采用场效应管作为阻抗变换器件。由于场效应管是电平驱动元件，栅漏极电流很小，具有更高的输入阻抗，因此场效应管也可以用于前级阻抗转换。输出电压通常由场效应管源极引出，其输入阻抗可达 $10^{12}\Omega$ 以上。这种阻抗匹配器结构简单、体积小，可以直接装在传感器内，减小外界干扰，在容性传感器中得到广泛应用。

利用运算放大器也可以构成射极跟随器，并有专门的集成射极跟随器。

6.2.3　电桥放大器

对于电阻型传感器，随外界物理量而变化的传感器电阻需要借助适当的电路，将电阻转换为电压或电流，才能供后续电路使用。最常见的转换电路是众所周知的惠斯顿电桥。理论上，惠斯顿电桥的负载要求达到无穷大，因此，后续放大电路的输入阻抗必须很大，这在实际应用中需要注意。

电桥放大器的结构形式很多，主要的区别在于：供给桥路的电源接地还是浮地、传感元件接地还是浮地；输出电压与传感器电阻变化率之间的关系是线性的还是非线性的等。下面介绍的几种常见的电桥放大器，每一种电路各具特点，读者可以根据具体的应用场合选用适当的电桥放大器。

1. 半桥式

图 6-7 所示为半桥放大器结构，这种桥路结构简单，基准电压 U_R 不受运放共模电压范围限制，但要求 U_R 稳定、正负对称、噪声和纹波小。其中 R_s 为传感器，在平衡条件下，$R_S = R_1 = R_0$。若传感器电阻为 R 时，电路输出电压 U_o 为零；若传感器电阻由 R_S 变化到 $R(1+\delta)$，电路的电压 U_o 以及反馈电流 I_3 为

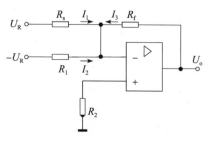

$$U_o = I_3 R_t \qquad (6\text{-}23)$$

$$I_3 = I_2 - I_1 = \frac{U_R}{R(1+\delta)} = \frac{U_R}{R}\frac{\delta}{1+\delta} \qquad (6\text{-}24)$$

图 6-7　半桥放大器

综合式（6-23）、式（6-24）有

$$U_{o} = \frac{R_{t}}{R}\left(\frac{\delta}{1+\delta}\right)U_{R} \qquad (6\text{-}25)$$

式中，$\delta = \frac{\Delta R}{R}$ 为传感器电阻的相对变化率。当 $\delta \ll 1$ 时

$$U_{o} = \frac{R_{t}}{R}\delta(1-\delta)U_{R} \approx \frac{R_{t}}{R}U_{R}\delta \qquad (6\text{-}26)$$

半桥放大器的输出电压与传感器电阻相对变化率之间的关系是非线性的，由式（6-25）并根据非线性误差的计算关系，可以推导出非线性相对误差为 δ^2。如果测量范围小，传感器电阻变化不大（δ 很小）的话，由式（6-26）可以看出，输出电压和电阻变量之间近似呈线性关系。半桥放大器抗干扰能力较差，要求输入引线短，并加屏蔽。

2. 传感器反馈式

图 6-8 所示为传感器反馈式放大器，电路将传感器作为运算放大器的反馈电阻，很明显，传感器的电阻变化将使放大器的放大倍数发生变化，电路的输出电压也随之变化。分析运算放大器的同向端与反向端两个节点，不难得出下列关系式

$$U_{F} = \frac{U_{R} - U_{o}}{R_{1} + R_{s}}R_{s} + U_{o}$$

$$U_{T} = \frac{R_{3}}{R_{2} + R_{3}}U_{R}$$

$$U_{T} = U_{F} \qquad (6\text{-}27)$$

综合以上各式，可得电路的电压输出为

$$U_{o} = \frac{R_{3} - \dfrac{R_{2}}{R_{1}}R_{s}}{R_{2} + R_{3}}U_{R} \qquad (6\text{-}28)$$

取 $R_{1} = R_{2} = R_{3} = R$，$R_{s} = R(1+\delta)$，则输出为

$$U_{o} = -0.5\delta U_{R} \qquad (6\text{-}29)$$

传感器反馈式桥路的输出电压 U_{o} 与电阻的相对变化率 δ 之间呈线性关系，特别适用于电阻变化大的场合。由于参考电压 U_{o} 使运放承受共模电压，所以运算放大器宜选择共模电压范围足够宽、共模抑制比大的放大器，并且要注意放大器同向及反向端的电阻匹配。图 6-8 中所示电路中的传感器是浮地的，这不利于克服干扰，为此，可以将传感元件放在 R_{3} 的位置上。

3. 电流放大式

图 6-9 所示为电流放大式电桥放大器，为差动输入方式。其中 R_{s} 为传感器，$R_{s} = R(1+\delta)$，当 $R_{f} \gg R$、$\delta \ll 1$ 时，可以推导出电路的输出电压 U_{0} 为

$$U_{o} = \frac{R_{1}}{R}\frac{1}{(1+\delta)(1+R/R_{f})+1}\delta U_{R} \approx \frac{1}{2}\frac{R_{f}}{R}\delta U_{R} \qquad (6\text{-}30)$$

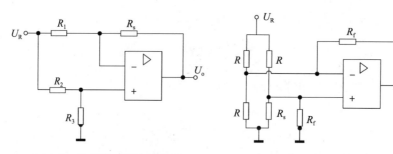

图 6-8　传感器反馈式放大器　　　图 6-9　电流放大式电桥放大器

电流放大式电桥放大器的特点是传感器接地，避免了传感器浮地所带来的问题。缺点是灵敏度与电桥的输出阻抗有关。

电路的测量误差与运放的共模抑制比 CMMR 有关，共模抑制比引起的测量误差为

$$\Delta U_1 = \frac{1}{2CMMR} U_R \tag{6-31}$$

电路的测量误差还与运放的失调电压 U_{os}、失调电流 I_{os} 有关，两者引起的测量误差为

$$\Delta U_2 = \frac{2R_1 + R}{R} U_{os} + R I_{os} \tag{6-32}$$

4. 参考源浮地式

图 6-10 所示为参考源浮地式放大电路，传感器发生变化时，会引起电桥不平衡。不平衡电桥的输出电压就是图中 A 点相对于地的电位 U_A，且

$$U_A = \frac{\delta}{2(2 + \delta)} U_R \tag{6-33}$$

电路的输出电压 U_o 为

$$U_o = \frac{R_1 + R_f}{R_1}, U_A = \frac{R_1 + R_f}{R_1} \cdot \frac{\delta}{2(2 + \delta)} U_R \approx \frac{R_1 + R_f}{R_1} \cdot \frac{\delta}{4} U_R \tag{6-34}$$

可见，在测量范围小的情况下，输出电压与电阻变量近似呈线性关系，该电路对电桥的不平衡电压有放大作用，调节 R_f 或 R_1 可方便地调整增益。由于运放的输入阻抗很高，电桥几乎处于空载状态。由于是单端输入，放大器可采用斩波器稳零放大器。

电路以浮地参考电源供电，这一点有时会使电路设计复杂化。

5. 同相输入式

同相输入电桥放大器如图 6-11 所示，传感器 $R_s = R(1 + \delta)$，当 $\delta \ll 1$ 时，输出电压 U_o 为

$$U_o = \frac{\delta}{4} \left(1 + \frac{R_f}{R_1} \right) U_R \tag{6-35}$$

可见，电路的输出电压与传感器电阻变化之间呈线性关系。和一般同相输入比例放大器一样，该电路具有输入阻抗高的优点，但要求运放具有较高的共模抑制比及较宽的共模电压范围，对参考电压则要求浮地及稳定性好。

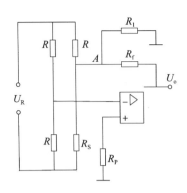

图 6-10　参考源浮地式放大器

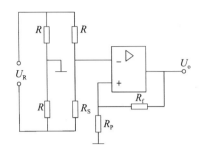

图 6-11　同相输入电桥放大器

6.3　信号补偿电路

6.3.1　非线性补偿

有些传感器的输出与被测量物理量之间的关系是非线性的，一般情况下，如果在整个测量范围内非线性程度不是特别严重，或者说非线性误差可以忽略，那么就可以简单地采用线性逼近的办法将传感器的输出近似地用线性关系代替。这里的线性逼近方法有许多种，如端点法、最小二乘法等。

但对于在整个测量范围内非线性程度严重，或者说非线性误差不可忽略的情况下，就需要采用另外的非线性补偿手段，本节将介绍几种常用的非线性补偿方法。

1. 开环补偿法

开环补偿就是在传感器信号（或者经过放大的传感器信号）之后串接一个适当的补偿环节（又称"线性化器"），补偿环节本身输出输入关系是非线性的，电路利用补偿环节的非线性特性，将来自传感器的非线性特性的输入信号变换为呈线性特性的输出信号。电路中，补偿环节仅仅接受非线性输入信号，输出线性化信号，电路中的各个环节相互独立。

开环补偿的结构框图如图 6-12 所示。图中传感器是非线性的，因此，传感器的输出 U_1 与外界物理量 x 之间的关系是非线性函数，即

$$U_1 = f(x) \tag{6-36}$$

$$x \rightarrow \boxed{传感器} \xrightarrow{U_1} \boxed{放大器} \xrightarrow{U_2} \boxed{线性化器} \xrightarrow{U_o}$$

图 6-12　开环补偿结构框图

U_1 经放大器放大后可获得一个电平较高的电量 U_2，假设电路采用的是线性度很好的放大器，放大器的放大倍数为 K，那么

$$U_2 = a + KU_1 \tag{6-37}$$

U_2 与 x 仍然是非线性关系，U_2 作为线性化器的输入，从线性化器输出的电量 U_n，与物理量 x 之间则是线性关系的，也就是说，U_o 与 x 之间满足

$$U_o = b + Sx \tag{6-38}$$

问题是线性化器的输入 U_2 与输出 U_o 之间的关系如何，才能在物理上实现式（6-38）？

为了求出线性化器的输入 – 输出关系表达式 $U_o - f_2 (U_2)$，可将式（6-37）和式（6-38）联立，消去中间变量 U_1、x，从而得到线性化器输出 – 输入关系的表达式为

$$U_2 = a + Kf\left(\frac{U_o - b}{S}\right) \tag{6-39}$$

根据式（6-39）设计线性化器，就可以将传感器的非线性输出转换为电路输出电压 U_o 随物理量 x 呈线性关系的变化。例如，铂热电阻的电阻相对变化（$\Delta R / R_o$）与温度 t 之间的关系为非线性的，即

$$\Delta R / R_o = A + Bt + Ct^2 + Dt^3 \tag{6-40}$$

经桥路放大器转换为电压值 U_2，设

$$U_2 = K(\Delta R / R_o)E \tag{6-41}$$

式中，E 为桥路供电电压。设经线性化器后，电路的输出 U_0 与温度 t 之间满足

$$U_o = St \tag{6-42}$$

将式（6-41）和式（6-42）联立，可以得到

$$U_2 = KE\left(A + \frac{B}{S}U_o + \frac{C}{S^2}U_o^2 + \frac{D}{S^3}U_o^3\right) \tag{6-43}$$

上式即为线性化器的输入 – 输出关系的表达式。式中的 K、E、A、B、C、D、S 均为已知的常数，因此式（6-43）的函数关系被唯一确定。按照这样的输出 – 输入的关系即可设计线性化器，同时也意味着，用这样的线性化器可以将铂热电阻的非线性输出进行线性补偿。

2. 闭环补偿法

图 6-13 所示为闭环非线性补偿电路结构框图。图中传感器是非线性的，与开环补偿不同的是，闭环补偿的放大器具有反馈网络，并且放大器的放大倍数足够大，有限的输出 U_o 要求放大器输入 ΔU 足够小，这样 U_1 与 U_F 十分接近，从而使得带有闭环反馈网络的放大器输出 U_o 和输入 U_1 之间的关系主要由反馈网络决定。

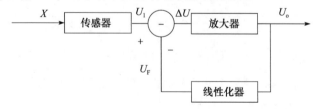

图 6-13　闭环补偿结构框图

设图 6-13 中传感器的输入–输出之间非线性关系的表达式为

$$U_1 = f(x) \tag{6-44}$$

放大器的输入–输出关系的表达式为

$$U_o = K\Delta U \tag{6-45}$$

其中

$$\Delta U = U_1 - U_F \tag{6-46}$$

整个电路的输出 U_o 与物理量 x 的关系为线性，即

$$U_o = Sx \tag{6-47}$$

联立式（6-44）至式（6-47），消去中间变量 x、ΔU、U_1，可以得到所求的非线性反馈环节的表达式为

$$U_F = f\left(\frac{U_o}{S}\right) - \frac{U_o}{K} \tag{6-48}$$

为了使电路的输出 U_o 与被测量的物理量 x 之间满足线性关系，可以将反馈网络设计成非线性的，其目的是利用它的非线性特性来补偿传感器的非线性。

3. 分段补偿法

分段补偿法是将传感器输出特性分解成若干段，然后分别将各端修正到希望的输出状态。如图 6-14 所示，我们希望将传感器的非线性输出曲线 $U_s = f(x)$ 修正成图 6-14c 中的目标直线 $U_c = K_c x$。为此，将传感器输出曲线分为 n 段，如图 6-14a 所示，当 n 足够大时，每一小段均可看成是直线，如图 6-14b 所示，各段折线方程为

$$U_{si} = U_1 + K_i(x - x_i) \tag{6-49}$$

其中，K_i 为 i 段直线斜率，将各折线段的直线补偿至直线 $U_c = K_c x$ 对应段，即

$$U_{c1} = (U_1 - b_i) + K_c(x - x_i) \tag{6-50}$$

式中，U_1 为该段的初始值，b_i 为折线段 i 段与目标直线 i 段的初始值之差，如图 6-14c 所示。

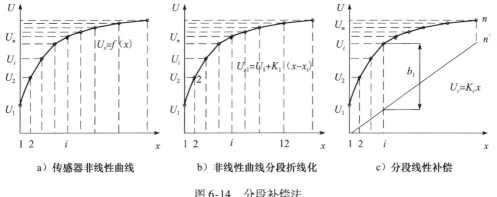

a) 传感器非线性曲线   b) 非线性曲线分段折线化   c) 分段线性补偿

图 6-14 分段补偿法

联立式（6-49）和式（6-50），消除 U_1，得

$$U_{c1} = U_{si} - K_i(x - x_i) - b_i + K_c(x - x_i)$$

$$= U_{si} - b_i + (K_c - K_i)(x - x_i) \tag{6-51}$$

令第 i 折线段的斜率 K_i 与目标直线段的斜率 K_c 之差为 ΔK，即 $\Delta K = K_c - K_i$。将式（6-50）代入式（6-51），消除 $(x - x_i)$ 后，可得

$$U_{c1} = U_{si} - b_i + \frac{\Delta K}{K_i}(U_{si} - U_1)$$

$$= \left(1 + \frac{\Delta K}{K_i}\right)U_{si} - \left(b_i + \frac{\Delta K}{K_i}U_1\right) \tag{6-52}$$

式中，b_i、K_c、ΔK、K_i、U_1 都是事先已知的值，式（6-52）可由图 6-15 所示电路来实现。线性补偿电路以传感器的非线性信号 U_{si} 为输入量，输出电压 U_o 满足式（6-52）的计算关系，其中的 b_i、K_c、ΔK、K_i 是依靠初值分段比较电路及逻辑控制电路实现切换的，变换的结果是电路输出 U_c 与传感器所测量的物理量 x 之间为线性的关系。

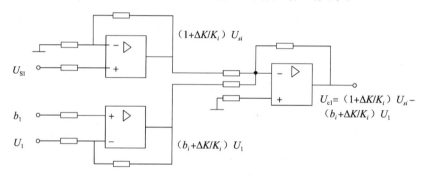

图 6-15 分段补偿法电路

初值比较及逻辑控制电路这里不再赘述。

4. 差动补偿法

差动补偿法是十分常用而且十分有效的非线性补偿办法，它主要依靠传感器结构上的设计来实现线性化的。结构上，传感器的信号输出有两路，两路信号尽管都是非线性的，但两者的变化方向是相反的。

设传感器的两路基本输出 $y_1(x)$、$y_2(x)$ 分别为

$$y_1(x) = a_0 + a_1x + a_2x^2 + \cdots + a_{2n}x^{2n} \tag{6-53}$$

$$y_2(-x) = a_0 + a_1(-x) + a_2(-x)^2 + \cdots + a_{2n}(-x)^{2n} \tag{6-54}$$

电路中，将两路差动信号相减得到输出 $\Delta y(x)$ 为

$$\Delta y(x) = y_1(x) - y_2(-x)$$

$$-2(a_1x + a_3x^3 + a_5x^5 + \cdots + a_{2n-1}x^{2n-1}) \tag{6-55}$$

上式中，传感器敏感元件的输出项除了线性项 a_1x 外，还包含有三次以上的奇数高次项，它们是非线性信号的组成部分。也就是说，传感器的两路基本输出相减得到的输出 $\Delta y(x)$ 依然是非线性的。不过，在信号 x 较小（$x \ll 1$）的情况下，三次项以上的数值是很小的，随着幂

次数的增加，x 高次项的数值越来越小，渐趋于零。这样一来，通过差动的方法可以将信号中的非线性项的数值总和大大降低，尽管不能完全消除非线性成分，但却大大降低了输出量中非线性成分的比重，从而改善传感器的非线性程度，有限地达到线性化的目的。

差动补偿法不仅能够改善传感器的非线性程度，而且能消除外界对两个敏感元件起同样作用的干扰（共模干扰），为了更好地发挥差动补偿法的抗共模干扰的作用，应尽可能地采用各项性能指标一致的两个传感器。

6.3.2 温度补偿

温度是自然环境中最普遍存在的物理量，任何的传感器无论被置于何种应用条件，都脱离不了温度的影响，除非传感器是用来测量温度的，否则或多或少都会受温度的影响，导致测量误差。

对传感器进行温度补偿的电路多种多样，没有一成不变的电路结构。不过，根据温度对传感器影响的表现形式，对传感器的温度补偿一般有两个目的：一是克服温度对传感器零点的漂移，二是克服温度对传感器灵敏度的影响。

1. 零点温度补偿

一般设定一个随温度变化的量，使它与传感器零点输出随温度的变化相抵消（减法运算）。灵敏度温度补偿，是调整传感器灵敏度，使其不随温度变化，或限制该变化在一定的范围内。具体来讲，就是在传感器信号输出电路中附加一个电路（温度补偿环节），如图 6-16 所示，这个电路的输出随温度变化而变化，并且满足

$$U(T) = f_b(T) \tag{6-56}$$

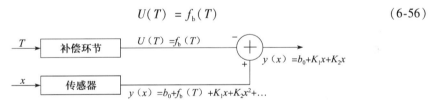

图 6-16 零点温度补偿原理框图

温度补偿环节的电压输出与传感器的信号相减，就可以消除环境温度 T 对传感器零点的漂移。显然，这里的补偿环节电路含温度传感器，如热敏电阻、热电阻、集成热敏传感器等。因此，温度补偿环节实际上就是一个温度测量电路，只不过电路的电压输出与温度之间的关系满足式（6-56），从而在数值上抵消了传感器信号输出中零点的温度变化项。

2. 灵敏度温度补偿

对传感器灵敏度的温度补偿，可以设定一个随温度变化的量，并将其与传感器输出信号相乘，从而抵消传感器灵敏度随温度而变化的值（乘法运算）。

实现传感器灵敏度的温度补偿的具体途径之一是将传感器的灵敏度进行分解，并使其中一个分解项可以人为地设计成受温度控制的量，最终在总的数值上抵消灵敏度随温度的变化。

例如，霍尔元件的霍尔电势 $V_H = K_H IB$，其中霍尔系数 K_H 随温度而变化，并且

$$K_H = K_{H0}[1 + \alpha(T - T_0)] \tag{6-57}$$

按照灵敏度分解的原则，霍尔元件总的灵敏度被认为是 $K = K_H I$，如果将其中的供电电流 I 设计成随温度而变化，并且电路保证

$$I = \frac{I_0}{[1 + \alpha(T - T_0)]} \tag{6-58}$$

显然，霍尔元件总的灵敏度 $K(= K_H I)$ 将不随温度而变化。可见，由于霍尔元件的灵敏度与供电电源电流有关，通过调整供电电源，利用供电电源随温度的变化来抵消霍尔元件灵敏度随温度的变化，可以实现对传感器灵敏度温度漂移的补偿目的。

实现传感器灵敏度温度补偿的另一个办法是将传感器信号放大电路的放大倍数设成随温度而变化，最终结果就是在总的数值上抵消灵敏度随温度的变化。

仍以霍尔元件为例，将霍尔元件的霍尔电势放大 $K(T)$ 倍，从而得到电压 U，即

$$U = K(T)K_H IB \tag{6-59}$$

这里的实现电路可以是运算放大器，放大器中与放大倍数有关的某一个或几个电阻采用热敏元件，通过对电气参数的适当调整，达到对传感器灵敏度温度误差的最佳补偿的目的。

图 6-17 给出了霍尔元件温度补偿的几种电路。

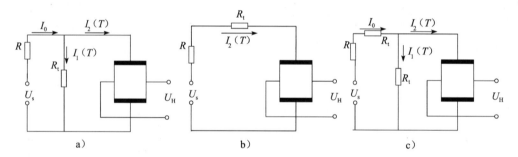

图 6-17 霍尔元件温度补偿的几种电路

除了对传感器温度漂移进行精确补偿外，还有一些对温度漂移进行部分补偿的办法，能将传感器的温度漂移减小到最小但不是完全消除。

习题 6

1. 试简述信号的引出、线性补偿、温度补偿、信号放大各自的适用环境。
2. 简述电桥放大器的分类。
3. 简述几种常用的非线性补偿方法。
4. 信号读出电路应该具备哪些功能？
5. 简述零点温度补偿的原理。

参考文献

［1］ 李希文,等.传感器与信号调理技术［M］.西安:西安电子科技大学出版社,2008:60-89.

［2］ 徐湘元,王萍,田慧欣.传感器及其信号调理技术［M］.北京:机械工业出版社,2012:
103-118.

［3］ 孙以才.传感器非线性信号的智能处理与融合［M］.北京:.冶金工业出版社,2010:55-59.

［4］ 龚克,侯春萍,刘开华著,无线传感器网及网络信息处理技术.电子工业出版社,2006:
72-75.

［5］ 于海斌,曾鹏,等.智能无线传感器网络系统［M］.北京:科学出版社,2006:82-88.

［6］ 孙利民,李建中,陈渝,朱红松.无线传感器网络［M］.北京:清华大学出版社,2005:
12-24.

［7］ 王慧斌,肖贤建,严锡君.无线传感器监测网络信息处理技术［M］.北京:国防工业出版社,
2010:46-49.

第7章 传感器的数据处理

无线传感器节点是一种典型的资源受限的嵌入式系统，它需要一个微型的操作系统来组织和管理硬件，实现应用软件的功能。TinyOS 是美国加州大学伯克利分校针对无线传感器网络设计的一个基于事件驱动的微型操作系统，最初是由汇编语言和 C 语言实现的。由于 C 语言不能有效、方便地满足面向传感器网络的应用开发，其目标代码比较长，因此经进一步研究设计出了支持组件化的新型编程语言——nesC。nesC 最大的特点是，它将组件化/模块化思想和基于事件驱动的执行模型相结合。TinyOS 操作系统和基于 TinyOS 的应用程序都是用 nesC 语言编写的，大大提高了应用开发的方便性和应用执行的可靠性。

7.1 nesC 语言

7.1.1 nesC 简介

nesC 是专门为网络嵌入式系统设计的编程语言。通过实现一个包含事件驱动执行、弹性并发型和面向组件程序设计等特征的编程模式，从而满足领域程序设计的特定要求。nesC 编译器进行数据竞争检测（提高可靠性）、积极的函数内联（降低资源消耗）等整体程序分析，简化了应用程序的开发，缩小了代码规模，减少了许多潜在诱发错误的因素。

nesC 使用 C 作为其基础语言，支持所有的 C 语言词法和语法，增加了组件（component）和接口（interface）的关键字定义，定义了接口及使用接口表达组件之间关系的方法。

目前只支持组件的静态连接，不能实现动态连接和配置。

nesC 工作的基本思想如下：

（1）程序构造机制和组合机制的分离

整个程序由多个组件（component）"连接"（wired）而成。

该组件定义了两种范围，一个是为其接口定义的范围，另一个是为其实现定义的范围。组件可以以任务（task）的形式存在，并且具有内存并发性。线程控制可以通过组件接口（interface）传递组件本身。

（2）组件的行为规范

组件的行为规范由一组接口定义，接口由组件提供或被组件使用。组件为用户提供的功能由其提供的接口体现，而被组件使用的接口体现组件完成其任务所需要其他组件提供的功能。

nesC 的设计要求如下：

（1）nesC 是 C 语言的一个扩展

C 语言可以为所有在传感器网络中可能被用到的目标微控制器生成高效代码。C 硬件访问提供了所有必要的底层功能部件，简化了和现有 C 代码的交互过程，而且许多程序开发人员都熟悉 C 语言。但是，C 语言也有许多不足之处，如 C 语言的安全性和程序结构化方面尚有不足。nesC 需要通过控制表达能力来提供安全性，通过组件来实现结构化设计。

（2）整体程序分析

节点的应用程序大小都很有限，这使得整个程序分析成为现实。nesC 的编译器要求对使用 nesC 编写的程序进行整体程序分析（为安全性考虑）和整体程序优化。

（3）nesC 是一个"静态语言"

nesC 的组件模型和参数化的接口减少了许多动态内存分发的要求。用 nesC 编写的程序里不存在动态内存分配，而且在编译期间就可以确定函数调用流程。这些限制使得这个程序分析和优化操作得以简化，同时操作也更加精确。

（4）nesC 支持和反映基于事件的并发控制模型

基于组件概念的 nesC 直接支持基于事件的并发控制模型。此外，nesC 要设计应对共享数据访问的策略。

7.1.2　接口

nesC 的接口有双向性：它们描述多功能的两个组件（供给者 provides 和使用者 uses）之间的交互渠道。一个组件可以提供（provides）接口，也可以使用（uses）接口。接口是一组相关函数的集合，它是双向的，并且是组件间的唯一访问点。组件所提供的接口描述了该组件提供给上一层调用者的功能，而使用的接口则表示该组件本身工作时需要的功能。接口声明了两种函数：命令（command）和事件（event）。接口的提供者必须实现命令，而接口的使用者必须实现事件。接口具有以下的特点：提供接口未必一定有组件使用，但使用接口一定得有人提才行，否则编译会提示出错。在动态组件配置语言中 uses 也可以动态配置。接口可以连接多个同样的接口，叫作多扇入/扇出。

接口由 interface 类型定义，interface 的语法定义如下：

```
nesC-file:
    includes-listopt interface
    ......
interface:
    interface identifier {declaration-list}
    storage-class-specifier: also one of command event async
```

上述语句声明了接口类型标识符。这一标识符具有全局作用范围，并且属于各自独立的命名空间。如此所有接口类型都有清楚的名字以区别于其他接口和所有组件，同时不会和一般的 C 语言声明发生任何冲突。

在声明列表中，每个接口类型都有一个分开的声明范围。声明列表必须由有指令或事件存储类型的功能描述组成（否则，会发生编译－时间错误）。可选的 async 关键字指出指令或事件能在一个中断处理者中被运行。

通过包含列表，一个接口能够可选择地包括 C 文件。

一个简单的接口如下：

```
interface SendMsg {
    command result_t send(uint16_t address, uint8_t length, TOS_MsgPtr msg);
    event result_t sendDone(TOS_MsgPtr msg, result_t success);
    }
```

SendMsg 接口类型提供者必须实现发送指令，而使用者必须实现 sendDone 事件。

7.1.3　组件

一个用 nesC 编写的程序由一个或多个组件（component）构成或连接而成。每个 nesC 应用程序都由一个顶级配置所描述，其内容就是将该应用程序用到的所有组件连接起来，形成一个有机整体。一个组件是一个 ∗.nc 文件。一个应用程序（app）一般有一个称为 Main 的组件（类似于 C 的 main 函数），它调用其他组件以实现程序的功能。一个组件由两部分组成：一个是规范说明，包含要用接口的名字；另一部分是它们的具体实现。组件分两种：Module（模块）组件和 Configuration（配件）组件。前者实现某种逻辑功能；后者将各个组件连接起来成为一个整体。组件的特征为组件内变量、函数可以自由访问，但组件之间不能访问和调用。

组件的语法定义如下：

```
nesC-file:
    includes-listopt module
    includes-listopt configuration
    ......
    module:
    module identifier specification module-impelmentation
    configuration:
    configuration identifier specification configuration-implementation
```

其中组件名由标识符（identifier）定义。该标识符是全局性的，且属于组件和接口类型命名空间。一个组件有两种作用域：一个是规范（specification）作用域，属于 C 的全局作用域；一个是实现（implementation）作用域，属于规范作用域。

规范（specification）列出了该组件所提供或使用的规范元素（接口实例、命令或事件）。

```
specification:
    {uses-provides-list}
uses-provides-list:
    uses-provides
    uses-provides-list uses-provides
uses-provides:
    uses specification-element-list
    provides specification-element-list
specification-element-list:
    specification-element
    { specification-elements}
specification-elements:
    specification-element
    specification-elements specification-element
```

注意，这里多个 uses 和 provides 指令的规范元素可以通过使用"｛"和"｝"符号在一个 uses 和 provides 命令中指定。

7.1.4 模块

模块（module）提供了接口代码的实现并且分配组件内部状态，是组件内部行为的具体实现。一个模块可以同时提供一组相同的接口，又称参数化接口，表明该模块可提供多份同类资源，能够同时给多个组件分享。模块用 C 代码实现组件说明：

```
Module-implementation:
    Implementation{translation-unit}
```

这里编译的基本单位是一连串的 C 声明和定义。模块编译基本单位的顶层声明属于模块的组件说明域。这些声明的范围是模糊的而且可以是任意的标准 C 声明或定义、一种作业声明或定义、指令或事件实现。

编译基本单位必须实现模块的所有的提供指令或事件 a（例如，所有的直接提供指令和事件，以及提供接口的所有指令和使用接口的所有事件）。一个模块能调用它的任一指令和它的任一事件的信号。这些指令和事件的实现由如下的 C 语法扩展指定：

```
Storage-class-specifier: also one of command event async
Declaration-specifiers: also default declaration-specifiers
Direct-declarator: also identifier.identifier
Direct-declarator interface-parameters(parameter-type-list)
```

简单指令或事件 a 由带有存储类型指令或事件的 C 函数定义的语法实现（注意允许在函数名中直接定义的扩展）。另外，必须包含语法关键字，如果它被包含在 a 的声明中。例如，在 SendMsg 类型的提供接口 Send 的模块中：

```
Command result_t Send.send(unit16_t address, unit8_t length, TOS_MsgPtr msg){
    ...
    Return SUCCESS;
}
```

带有接口参数 P 的参数指令或事件 a 由带有存储类型指令或事件的函数定义的 C 函数对应的语法实现。这时，函数的普通参数列表要以 P 作为前缀，并带上方括号（这与组件说明中声明参数化指令或事件文法相同）。这些接口参数声明 P 属于 a 的函数参数作用域，而且和普通的函数参数有相同的作用域。例如，在 SendMsg 类型提供接口 Send [unit8_tid] 的模块中：

```
Command result_t Send.send[unit8_t id](unit16_t address, unit8_t length, TOS_MsgPtr
msg){
    ...
    return SUCCESS;
}
```

7.1.5 配件

组件（configuration）之间是完全独立的，只有通过连接才能绑定到一起，配件用于实现此功能。配件的定义与模块类似，使用了三个操作 " -> 、 <- 、 = " 实现连接。前面两个是基本的连接操作：箭头从使用者指向提供者。例如，下面两行是等同的：

```
Sched.McuSleep - > Sleep;
Sleep < -Sched.McuSleep;
```

一个直接的连接总是从使用者指向提供者，箭头的方向决定了调用关系。和模块一样，配件可以提供和使用接口。但是由于配件没有代码实现，因此这些接口的实现必须依赖其他的组件。

用一个配件将两个组件连接到一起，可以实现导通连接，但必须使用 " = " 操作符将使用者连接到提供者操作符。例如：

```
generic configuration AMReceiverC(am_id_t amId) {
provides {
    interface Receive;
    interface Packet;
    interface AMPacket;
}
}
implementation {
    components ActiveMessageC;
    Receive = ActiveMessageC.Receive[amId];
    Packet = ActiveMessageC;
    AMPacket = ActiveMessageC;
}
```

7.1.6 并发操作

通过任务（task）和中断处理事件（interrupt handerevent）可以体现 TinyOS 并行处理能力。任务（task）会加入一个 FIFO 队列中，在执行过程中任务间没有竞争；但中断处理程序可以打断任务的执行。TinyOS 采用二级调度机制来实现无线传感网络运行特点，整个程序调度过程如图 7-1 所示。在组件中完成任务提交，由操作系统完成调度。

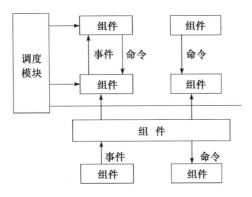

图 7-1 TinyOS 程序结构框图

基于以上分析，一个节点上应用程序的框图如图 7-2 所示。操作系统只是在后台提供队列服务。

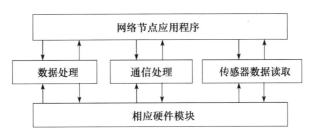

图 7-2 应用程序结构框图

7.1.7 nesC 应用程序的分析

每一个 nesC 应用程序都是由一个或多个组件通过接口连接起来，并通过 ncc/gcc 编译生成一个完整的可执行程序。下面以 TinyOS 软件中的 Blink 应用程序为例，具体介绍 nesC 应用程序结构。

Blink 程序是一个简单的 nesC 应用程序。它的主要功能是每隔 1s 的亮灯一次，关闭系统时红灯亮。该程序主要包括 3 个子文件：Blink.nc、BlinkM.nc 和 SingleTimer.nc。

1. Blink. nc 文件

Blink.nc 文件为整个程序的顶层配件文件，关键字为 configuration，通过 " -> " 连接各个对应的接口。文件关键内容如下：

```
configuration Blink{
}
implementation{
    components Main, BlinkM, SingleTimer, LedsC;// 表示该配件使用的所有组件
    Main.StdControl ->SingleTimer.StdControl; // Main.StdControl 调用了 SingerTimer. Std-
                                                   Control
    Main.StdControl -> BlinkM.StdControl;     // Main.StdControl 调用了 BlinkM.Std-
                                                   Control
    BlinkM.Timer ->SingleTimer.Timer;         // 指定 BlinkM 组件要调用的 Timer 和 Ledsc
                                                  接口
    BlinkM.Leds ->LedsC;
    }
```

从上述代码中可看出，该配件使用了 Main 组件，定义了 Main 接口和其他组件的调用
关系，是整个程序的主文件，每个 nesC 应用程序都必须包含一个顶层配置文件。

2. BlinkM. nc 文件

BlinkM.nc 为模块文件，关键字为 module、command，通过它可以调用 StdControl 接口
中的 3 个命令 init、start、stop 连接接口，从而实现 Blink 程序的具体功能。内容如下：

```
module BlinkM {                               // 说明 BlinkM 为模块组件
    provides {
        interface StdControl;                 // 提供外部接口,实现 StdControl 中的命令
    }
    uses { interface Timer;                   // 被使用的内部接口
        interface Leds;}
}
implementation {
    command result_t StdControl.init() {      // command 执行 StdControl 接口的 3 个函数
        call Leds.init();                     // result_t 为返回值类型
            return SUCCESS; }                 // 初始化组件,返回成功
    command result_t StdControl.start(){      // 时钟每隔 1s 重复计时,"1000"单位为 ms
        return call Timer.start(TIMER_REPEAT, 1000);
    }
    command result_t StdControl.stop() {      // 停止计时
        return call Timer.stop();}
    event result_t Timer.fired(){  // 事件处理函数,按 Timerstart 规定的间隔时间红灯闪烁1 次
        call Leds.redToggle();
        return SUCCESS;
    }
}
```

3. SingleTimer. nc 文件

SingleTimer. nc 为一个配件文件，主要通过 TimerC 和 StdControl 组件接口实现与其他
组件之间的调用关系，该配件文件还定义了一个唯一时间参数化的接口 Timer。下面给出
部分伪代码：

```
configuration{
    provides interface Timer;
```

```
    ......
}
implementation{
    ......
    Timer = TimerC.Timer[unique("Timer")];
}
```

将 nesC 编写的配件文件、模块文件通过接口联系起来就形成了图 7-3 所示的 Blink 组件接口的逻辑关系。从图中可清晰地看出 Blink 程序中组件之间的调用关系，各配件文件（如 SingleTimer 和 LedsC）以层次的形式连接，体现了 nesC 组件化/模块化的思想。

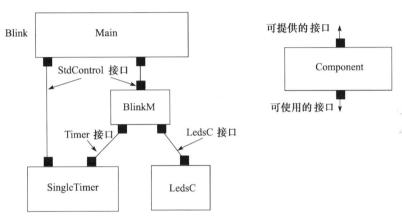

图 7-3　Blink 组件接口的逻辑关系

7.2　数据融合

7.2.1　数据融合的概念

数据融合的概念虽始于 20 世纪 70 年代初期，但真正的技术进步和发展发生在 80 年代，尤其近几年来引起了世界范围内的普遍关注，美、英、日、德、意等发达国家不但在所部署的一些重大研究项目上取得了突破性进展，而且已陆续开发出一些实用性系统投入实际应用和运行。不少数据融合技术的研究成果和实用系统已在 1991 年的海湾战争中得到实战验证，取得了理想的效果。

我国"八五"规划亦已将数据融合技术列为发展计算机技术的关键技术之一，并部署了一些重点研究项目，并给予了相应的经费投入。但这毕竟是刚刚起步，我们仍面临巨大的挑战，当然也有机遇并存。这就需要认真研究，针对我国的国情采取相应的对策措施，以期取得事半功倍的效果。

7.2.2　数据融合的原理

数据融合中心对来自多个传感器的信息进行融合，也可以将来自多个传感器的信息和人机界面的观测事实进行信息融合（这种融合通常是决策级融合），提取征兆信息，在推理机作用下，将征兆与知识库中的知识匹配，做出故障诊断决策提供给用户。在基于信息融合的故障诊断系统中可以加入自学习模块，故障决策经自学习模块反馈给知识库，并对相应的置信度因子进行修改，更新知识库。同时，自学习模块能根据知识库中的知识和用户对系统提问的动态应答进行推理，以获得新知识，总结新经验，不断扩充知识库，实现专家系统的自学习功能。

数据融合实际上是一种多级、多层面的数据处理过程，主要对来自多个信息源的数据进行自动检测、关联、相关、估计及组合等的处理。数据融合可进一步分为像素级、特征层和决策层融合三种形式。

1. 像素级融合

像素级融合是直接在采集到的原始数据层上进行的融合（也称数据融合），在各种传感器的原始感知数据未经预处理之前就进行数据的综合与分析。数据层融合一般采用集中式融合体系进行融合处理过程。这是低层次的融合，如成像传感器中通过对包含若干像素的模糊图像进行图像处理来确认目标属性的过程就属于数据层融合。

2. 特征层融合

特征层融合属于中间层次的融合，它先对来自传感器的原始信息进行特征提取（特征可以是目标的边缘、方向、速度等），然后对特征信息进行综合分析和处理。特征层融合的优点在于实现了可观的信息压缩，有利于实时处理，并且由于所提取的特征直接与决策分析有关，因此融合结果能最大限度地给出决策分析所需要的特征信息。特征层融合一般采用分布式或集中式的融合体系。特征层融合可分为两大类：一类是目标状态融合；另一类是目标特性融合。

3. 决策层融合

决策层融合通过让不同类型的传感器观测同一个目标，每个传感器在本地完成基本的处理，其中包括预处理、特征抽取、识别或判决，以建立对所观察目标的初步结论。然后通过关联处理进行决策层融合判决，最终获得联合推断结果。

7.2.3 通用数据融合方法

利用多个传感器获取的关于对象和环境的信息是否全面、完整，主要体现在融合算法的选择上。因此，多传感器系统的核心问题是如何选择合适的融合算法。对于多传感器系统来说，信息具有多样性和复杂性，因此，对信息融合方法的基本要求是具有鲁棒性和并行处理能力。此外，还有方法的运算速度和精度；与前续预处理系统和后续信息识别系统的接口性能；与不同技术和方法的协调能力；对信息样本的要求等。一般情况下，基于非线性的数学方法都可以用来作为融合方法，只要它具有容错性、自适应性、联想记忆和并行处理能力。

多传感器数据融合虽然尚未形成完整的理论体系和有效的融合算法，但在不少应用领域，根据各自的具体应用背景，已经提出了许多成熟并且有效的融合方法。多传感器数据融合的常用方法基本上可概括为随机和人工智能两大类。随机类方法有加权平均法、卡尔曼滤波法、多贝叶斯估计法、Dempster-Shafer（D-S）证据推理、产生式规则等；而人工智能类则有模糊逻辑理论、神经网络、粗集理论、专家系统等。可以预见，神经网络和人工智能等新概念、新技术在多传感器数据融合中将起到越来越重要的作用。

1. 随机类方法

（1）加权平均法

信号级融合法最简单、最直观的方法是加权平均法，该方法将一组传感器提供的冗余信息进行加权平均，其结果作为融合值，该方法是一种直接对数据源进行操作的方法。

（2）卡尔曼滤波法

卡尔曼滤波法主要用于融合低层次实时动态多传感器冗余数据。该方法用测量模型的统计特性递推，决定统计意义下的最优融合和数据估计。如果系统具有线性动力学模型，且系统与传感器的误差符合高斯白噪声模型，则卡尔曼滤波将为融合数据提供唯一统计意义下的最优估计。卡尔曼滤波的递推特性使系统处理不需要大量的数据存储和计算。但是，采用单一的卡尔曼滤波器对多传感器组合系统进行数据统计时，存在很多严重的问题，例如，在组合信息大量冗余的情况下，计算量将以滤波器维数的三次方激增，其实时性不能满足；传感器子系统的增加使故障几率也随之增加，在某一系统出现故障而没有来得及被检测出时，故障会污染整个系统，使可靠性降低。

（3）多贝叶斯估计法

贝叶斯估计法为数据融合提供了一种手段，是融合静态环境中多传感器高层信息的常用方法。它使传感器信息依据概率原则进行组合，测量不确定性以条件概率表示，当传感器组的观测坐标一致时，可以直接对传感器的数据进行融合，但大多数情况下，传感器测量数据要以间接方式采用贝叶斯估计进行数据融合。

多贝叶斯估计将每一个传感器作为一个贝叶斯估计，将各个单独物体的关联概率分布合成一个联合的后验的概率分布函数，通过使用联合分布函数的似然函数为最小，提供多传感器信息的最终融合值，融合信息与环境的一个先验模型提供整个环境的一个特征描述。

（4）D-S 证据推理方法

D-S 证据推理方法是贝叶斯推理方法的扩充，其 3 个基本要点是：基本概率赋值函数、信任函数和似然函数。D-S 方法的推理结构是自上而下的，分三级：第 1 级为目标合成，其作用是将来自独立传感器的观测结果合成为一个总的输出结果（ID）；第 2 级为推断，其作用是获得传感器的观测结果并进行推断，将传感器观测结果扩展成目标报告。一定数量的传感器以某种可信度报告信息逻辑上就会产生某些可信的目标报告；第 3 级为更新，各种传感器一般都存在随机误差，所以，在时间上充分独立地来自同一传感器的一组连续报告比任何单一报告可靠。因此，在推理和多传感器合成之前，要先组合（更新）传感器的观测数据。

（5）产生式规则

产生式规则采用符号表示目标特征和相应传感器信息之间的联系，与每一个规则相联系的置信因子表示它的不确定性程度。当在同一个逻辑推理过程中，两个或多个规则形成一个联合规则时，可以产生融合。应用产生式规则进行融合的主要问题是每个规则的置信因子的定义与系统中其他规则的置信因子相关，如果系统中引入新的传感器，就要加入相应的附加规则。

2. 人工智能类方法

（1）模糊逻辑推理

模糊逻辑是多值逻辑，通过指定一个 0 到 1 之间的实数表示真实度，相当于隐含算子的前提，允许将多个传感器信息融合过程中的不确定性直接表示在推理过程中。如果采用某种系统化的方法对融合过程中的不确定性进行推理建模，则可以产生一致性模糊推理。与概率统计方法相比，逻辑推理存在许多优点，它在一定程度上克服了概率论所面临的问题，它对信息的表示和处理更加接近人类的思维方式，它一般适合高层次上的应用（如决策），但是，逻辑推理本身还不够成熟和系统化。此外，由于逻辑推理对信息的描述存在很大的主观因素，因此信息的表示和处理缺乏客观性。

模糊集合理论对于数据融合的实际价值在于它外延到模糊逻辑，模糊逻辑是一种多值逻辑，隶属度可视为一个数据真值的不精确表示。在 MSF（Multi-Sensor Fusion，多传感器融合）过程中，存在的不确定性可以直接用模糊逻辑表示，然后，使用多值逻辑推理，根据模糊集合理论的各种演算对各种命题进行合并，进而实现数据融合。

（2）人工神经网络法

神经网络具有很强的容错性以及自学习、自组织及自适应能力，能够模拟复杂的非线性映射。神经网络的这些特性和强大的非线性处理能力，恰好满足了多传感器数据融合技术处理的要求。在多传感器系统中，各信息源所提供的环境信息都具有一定程度的不确定性，对这些不确定信息的融合过程实际上是一个不确定性推理过程。神经网络根据当前系统所接受的样本相似性确定分类标准，这种确定方法主要表现在网络的权值分布上，同时，可以采用神经网络特定的学习算法来获取知识，得到不确定性推理机制。利用神经网络的信号处理能力和自动推理功能，即可实现多传感器数据融合。

通常使用的数据融合方法常依具体的应用而定，并且由于各种方法之间的互补性，常将 2 种或 2 种以上的方法组合起来进行传感器数据融合。

习题 7

1. 简述 nesC 语言的一般组成。
2. 简述数据融合的原理。
3. 试列举出常用的几种数据融合方法。

参考文献

［1］ 黄建华，李金明，王银锁．多源、多目标传感器数据处理方法探究［J］.自动化与仪器仪表，2014.

［2］ 黄衍玺．无线传感器数据处理中心设计方法［J］.信息通信，2014，5.

［3］ 张军，杨子晨．多传感器数据采集系统中的数据融合研究［J］.传感器与微系统，2014，3.

［4］ 蔡菲娜，刘勤贤．单传感器的数据融合及有效性分析［J］.传感器技术，2005，2.

［5］ 胡洲，王志胜，甄子洋．多传感器系统的延长周期全信息融合滤波［J］.传感器与微系统，2010，5.

［6］ 李雄，徐宗昌，董志明．多传感器数据融合新算法及在诊断学中的应用（英文）［C］第三届全国信息获取与处理学术会议论文集，2005.

［7］ 卢江涛，杨露菁，段立．海面多传感器对海探测数据融合系统的误差分析［C］.2006 中国控制与决策学术年会论文集，2006.

［8］ 李山．新型电子鼻智能探测系统问世［J］.科技日报，2010.

［9］ 焦竹青，熊伟丽，张林，徐保国．基于信任度的多传感器数据融合及其应用［J］.东南大学学报（自然科学版），2008，S1.

［10］ 胡振涛，刘先省．基于相对距离的一种多传感器数据融合方法［J］.系统工程与电子技术，2006，2.

［11］ 刘建书，李人厚，常宏．基于相关性函数和最小二乘的多传感器数据融合［J］，控制与决策，2006，06.

［12］ 何友，王国宏，彭应宁．多传感器信息融合及应用［M］.北京：电子工业出版社，2000.

第8章 传感器的数据通信

随着数字化、网络化的发展，传感器的数据通信在传感器的应用中变得越来越重要，甚至不可或缺。本章将介绍传感器数据通信模块及主要通信协议。

8.1 通信模块的组成

8.1.1 通信模块的组成原理

传感器的数据通信沿用了通用的、成熟的嵌入式系统数据通信系统和模式。一个典型的传感器数据通信模块的组成结构框图如图8-1所示。

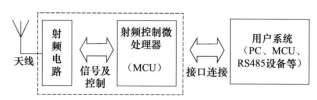

图8-1 一个典型的传感器数据通信模块的组成结构框图

如图8-1所示，传感器通信模块主要由射频电路、天线、射频控制微处理器（MCU）以及用户系统几部分组成。射频电路和天线负责数据的发送和接收，射频MCU负责控制射频电路与主控制器MCU的控制和通信，用户系统是智能传感器或传感器网络的核心模块和应用系统。通常情况下，射频电路、天线以及一些附属电路集成在一起作为一个独立的模块或产品，称为射频模块或者收发器（transceiver）。它们可以方便地在各类相关主板上插拔，主板MCU对其进行控制和管理。也有些收发器带有自己独立的MCU，即收发器与MCU集成在一起，可以独立进行控制、编程和使用。前者的典型产品如 TI Chipcon 的 CC2420，后者的典型产品如 CC2430。

一个典型的射频模块的内部组成框图如图8-2所示。射频模块或收发器一般由射频接收模块、射频发射模块、调制器、解调器、频率合成器、自动增益控制电路、中频数据接口、FIFO与帧控制器、射频寄存器以及 MAC 层协议处理器（如 CSMA/CA 协议处理器）等部分组成。射频模块有时也简称为 RF 模块或 RF。

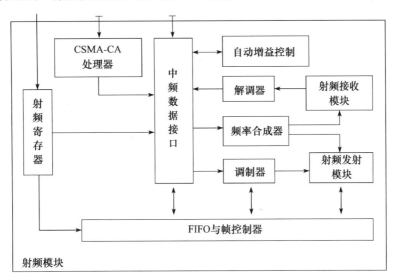

图 8-2　一个典型的射频模块的内部组成框图

有些射频模块带有自己专用的 MCU，如 CC243X/253X 带有一个 8051 的 CPU，甚至还带有闪存和一些有用的外部设备，如调试接口、I/O、DMA 控制器、定时器、ADC 以及 AES 协处理器等。

8.1.2　通信模块的主要功能

传感器通信模块的主要功能是实现传感器与外界的信号传递或数据传输，通常情况下，独立的智能传感器或者传感网中的传感器节点都要通过通信模块（无线收发器或 RF 模块）接收来自汇聚节点或其他节点的命令和数据，同时将传感器感知到的数据发送给其他节点或者汇聚节点。

通信模块中主要的功能子模块及主要功能包括：

（1）RF 内核

RF 内核控制模拟无线电模块。另外，它在 MCU 和无线电之间提供一个接口，可以发出命令、读取状态和自动对无线电事件排序。

（2）FSM 子模块

FSM 子模块控制 RF 收发器的状态、发送和接收 FIFO，以及大部分动态受控的模拟信号，比如模拟模块的上电/掉电。FSM 用于为事件提供正确的顺序（比如在使能接收器之前执行一个 FS 校验）。而且，它为来自解调器的输入帧提供分布式处理：读帧长度、计算收到的字节数、检查 FCS，最后成功接收帧后，可选地处理自动传输 ACK 帧。它在 TX 执行类似的任务，包括在传输前执行一个可选的 CCA，并在接收一个 ACK 帧的传输结束后自动回到 RX。最后，FSM 控制在调制器/解调器和 RAM 的接收和发送 FIFO 之间传输数据。

（3）调制器

调制器将原始数据转换为 I/Q 信号发送到发送器 DAC。这一行为遵守 IEEE 802. 15. 4 标准。

（4）解调器

解调器负责从收到的信号中检索无线数据。

（5）自动增益控制

解调器的振幅信息由自动增益控制（AGC）使用。AGC 调整模拟 LAN 的增益，这样接收器内的信号水平大约是个常量。帧过滤和源匹配通过执行所有操作支持 RF 内核中的 FSM，从而执行帧过滤和源地址匹配，见 IEEE 802. 15. 4 对其的定义。

（6）频率合成器

频率合成器（FS）为 RF 信号产生载波。

（7）命令选通处理器（CSP）

命令选通处理器（CSP）处理 CPU 发出的所有命令。它还有一个很短的程序存储器，使得它可以自动执行 CSMA-CA 机制或其他 MAC 协议。

（8）FIFO

无线电 RAM 为发送数据配有一个 FIFO(TXFIFO)，为接收数据配有一个 FIFO(RXFIFO)。这两个 FIFO 都是 128 字节长。另外，RAM 为帧过滤和源匹配存储参数，为此保留 128 字节。

（9）MAC 定时器

MAC 定时器用于为无线电事件计时，以捕获输入数据包的时间戳。这一定时器在睡眠模式下也保持计数。

8. 1. 3　常用传感器通信模块

1. TR1000/TR1004

TR1000/TR1004 是采用 RFM 公司独有的 ASH(Amplifier-Sequenced Hybrid) 体系结构设计的 RF 窄带数据通信收发器。它符合 FCC 15. 249 和类似标准，适合高稳定、小尺寸、低功耗、低成本的短距离无线控制和数据传输应用。

TR1000/TR1004 的主要技术参数如下：

* 工作频率：TR1000 为 916. 50MHz，TR1004 为 914. 00MHz；
* 解调方式：OOK/ASK 调制；
* RF 数据传输速率：115. 2KB/s；
* 接收灵敏度：−91dBm(115. 2KB/s，脉冲测试法)；
* 输出功率：1. 5dBm；
* 电源电压：2. 2~3. 7V；

- 工作电流：接收模式为 3.8mA（115.2KB/s 时），发射模式为 12mA，睡眠模式为 0.7μA；
- 射频辐射强度：所需外部元件少，几乎没有射频辐射。

TR1000/1004 OOK 收发器电路如图 8-3 所示。

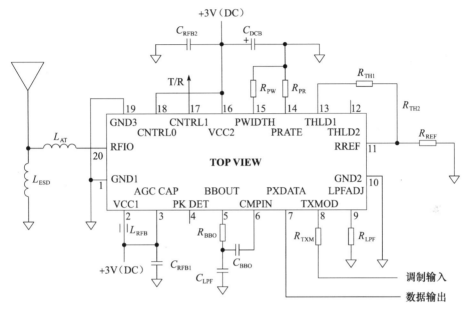

图 8-3　TR1000/1004 OOK 收发器电路图

TR1000/1004 ASK 收发器电路如图 8-4 所示。

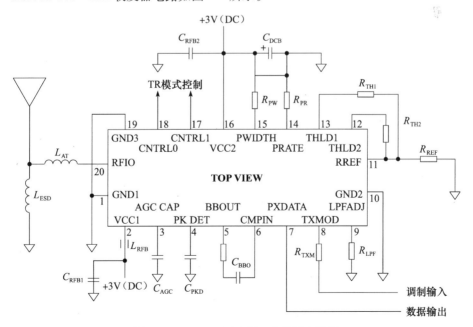

图 8-4　TR1000/1004 ASK 收发器电路图

TR1000/TR1004 应用电路元器件参数值如表 8-1 所示。

表 8-1　TR1000/TR1004 应用电路元器件参数值表

项目	符号	OOK	OOK	ASK	单位	备注
数据速率	DR_{NOM}	2.4	19.2	115.2	Kb/s	
最小信号脉冲	SP_{MIN}	416.67	52.08	8.68	μs	
最大信号脉冲	SP_{MAX}	1 666.68	208.32	34.72	μs	
AGCCAP 电容	C_{AGC}	—	—	2 200	pF	±10%，陶瓷电容
PKDET 电容	C_{PKD}	—	—	0.001	μF	±10%，陶瓷电容
BBOUT 电容	C_{BBO}	0.1	0.015	0.002 7	μF	±10%，陶瓷电容
BBOUT 电阻	R_{BBO}	12	0	0	kΩ	±5%
LPFAUX 电容	C_{LPF}	0.004 7			μF	±5%
TXMOD 电阻	R_{TXM}	4.7	4.7	4.7	kΩ	±5%，1.5dBm 输出
LPFADJ 电阻	R_{LPF}	330	100	15	kΩ	±5%
RREF 电阻	R_{REF}	100	100	100	kΩ	±1%
THLD2 电阻	R_{TH2}	—	—	100	kΩ	±1%，6dB 以下
THLD1 电阻	R_{THI}	0	0	10	kΩ	±1% 典型值
PRATE 电阻	R_{PR}	330	330	160	kΩ	±5%
PWIDTH 电阻	R_{PW}	270(到地)	270(到地)	1 000(到 VCC)	kΩ	±5%
DC 旁路电容	C_{DCB}	4.7	4.7	4.7	μF	钽电容
RF 旁路电容 1	C_{RFBI}	27	27	27	pF	±5%，NPO
RF 旁路电容 2	C_{RFB2}	100	100	100	pF	±5%，NPO
RF 旁路磁珠	L_{RFB}	Fair-Rite	Fair-Rite	Fair-Rite	vendor	2506033017YO 或类似的
串联调谐电感	L_{AT}	10	10	10	nH	50Ω 天线
并联调谐/ESD 电感	L_{ESD}	100	100	100	nH	50Ω 天线

2. CC1100

CC1100 是 TI Chipcon 研制的一种低成本真正单片的 UHF 收发器，用于低功耗无线应用。电路主要设定为在 315MHz、433MHz、868MHz 和 915MHz 的 ISM（工业、科学和医学）和 SRD（短距离设备）频率波段，也可以容易地设置为 300～348MHz、400～464MHz 和 800～928MHz 的其他频率。

RF 收发器集成了一个高度可配置的调制解调器。这个调制解调器支持不同的调制格式，其数据传输率可达 500kbps。通过开启集成在调制解调器上的前向误差校正选项，能使性能得到提升。

CC1100 为数据包处理、数据缓冲、突发数据传输、清晰信道评估、连接质量指示和电磁波激发提供广泛的硬件支持。

CC1100 的主要操作参数和 64 位传输/接收 FIFO（先进先出堆栈）可通过 SPI 接口控制。在一个典型系统里，CC1150 和一个微控制器及若干被动元件一起使用。

CC1100 基于 0.18 微米 CMOS 晶体的 Chipcon 的 SmartRF 04 技术。

CC1100 的主要特性如下：

- 体积：非常小（QLP 4×4mm 封装，20 脚）；
- 集成度：真正的单片 UHF RF 收发器；
- 频率波段：300～348MHz、400～464MHz 和 800～928MHz；
- 灵敏度：较高（1.2kbit/s 下 −110dBm，1% 数据包误差率）；
- 可编程控制的数据传输率，可达 500kbit/s；
- 电流消耗：较低（RX 中 15.6mA、2.4kbit/s、433MHz）；
- 可编程控制的输出功率，对所有的支持频率可达 +10dBm；
- 接收器选择性和模块化性能：非常高；
- 外部元件：芯片内频率合成器，不需要外部滤波器或 RF 转换；
- 基带调制解调器：可编程控制；
- 多路操作特性：非常好；
- 数据包处理硬件：可控；
- 跳跃系统：由快速频率变动合成器带来的合适的频率跳跃系统；
- 前向误差校正：带纠错，可选；
- FIFO：单独的 64 字节 RX 和 TX 数据 FIFO；
- SPI 接口：所有的寄存器能用一个"突发"转换器控制，很高效；
- RSSI 输出：全数字；
- 系统兼容性：与遵照 EN 300 220（欧洲）和 FCC CFR47 Part 15（美国）标准的系统相配；
- 电磁波激活功能：自动低功率 RX 拉电路的电磁波激活功能；
- 数字特征：许多强大的数字特征，使得使用廉价的微控制器就能得到高性能的 RF 系统；
- 其他传感器集成：集成了模拟温度传感器；
- 数据包：自由引导的"绿色"数据包；
- 数据包导向系统：对同步词汇侦测的芯片支持、地址检查、灵活的数据包长度及自动 CRC 处理；
- 信道滤波带宽：可编程；
- 整型支持：OOK 和灵活的 ASK 整型；
- 编码：支持 2-FSK、GFSK 和 MSK；
- 自动频率补偿：可用来调整频率合成器到接收中间频率；
- 白化处理：对数据的可选自动白化处理；
- 通信协议的向后兼容性：支持对现存通信协议的向后兼容的异步透明接收/传输模式；
- 载波感应指示器：可编程；
- 同步词汇侦测的保护：可编程前导质量指示器及在随机噪声下改进的针对同步词汇侦测的保护；

- 载波侦听系统：支持传输前自动清理信道访问（CCA）；
- 连接质量指示：支持每个数据包连接质量指示。

CC1100 的电路图如图 8-5 所示。

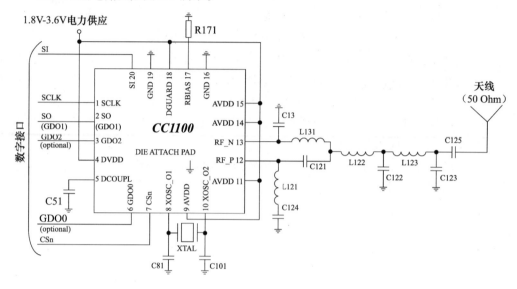

图 8-5　CC1100 收发器电路图

3. CC2420/21

CC2420 是 TI Chipcon 生产的一款真正意义上的符合 IEEE 802.15.4 协议规范、应用于无线网络中的低功耗、低电压的 RF 收发芯片。CC2420 包括一个数字直接序列扩频的基带调制解调器，它的输出放大增益为 9dB，有效的数据传输率达 240KB/s。CC2420 为工作于 2.4GHz 免授权频段的无线通信提供了一个低成本的完整的解决方案，符合 ETSI EN 300 328（欧洲）、ETSI EN 300 440 class 2（欧洲）、FCC CFR47 Part 15（美国）和 ARIB STD-T66（日本）等世界规范。

CC2420 在硬件上支持包处理、数据缓存、脉冲传送、数据加密、数据验证，以及空闲信道评估、连接质量指标和数据包时间等功能。这些功能减少了控制器的工作量，从而可以连接一些低成本的控制器。

CC2420 的接口配置、FIFO 的发送接收机制都是通过 SPI 来实现的。通过外接微控制器和少量的元件来就可构建典型的应用系统。

CC2420 基于 Chipcon 公司的 SmartRF03 技术和 0.18μm CMOS 工艺。其主要特性如下：

- RF 及 MAC：IEEE 802.15.4 中 2.4GHz 频段真正意义上的射频单片无线收发芯片，带有基带调制解调器，并对 MAC（介质访问层）层提供支持；
- 调制解调器：直接序列扩频（DSSS）的基带调制解调器，其码片速率可到 2MChips/s，有效数据传输率达 250KB/s；
- 设备类型：支持 RFD（精简功能设备）和 FFD（全功能设备）的操作；
- 电流耗损：非常低（RX：18.8mA，TX：17.4mA）；

- 电压: 低电源电压要求, 使用内部集成稳压器时 2.1 ~ 3.6V, 使用外部稳压器时 1.6 ~ 2.0V;

- 输出功率: 可以通过编程来改变;

- RF 开关: 不需要额外的 RF 开关和滤波器;

- 接收器: 接收器同相正交相 (I/Q) 信号的低中频 (low-IF) 接收器;

- 信号系统: 同相正交相信号能直接上转换传输;

- 集成性: 只需非常少的外围器件;

- 数据缓冲区: 两个 (发送缓冲区和接收缓冲区) 128 字节的数据缓冲区;

- RSSI 及 LQI: 支持数字 RSSI (无线信号强度指示) 和 LQI (无线信号质量指示);

- 安全性: 硬件实现 MAC 加密 (AES-128);

- 电源: 支持电池管理;

- 体积: 48 脚的 QLP 封装, 7 ×7mm;

- 规范支持: 完全符合 ETSI EN 300 328 (欧洲)、ETSI EN 300 440 class 2 (欧洲)、FCC CFR47 Part 15 (美国) 和 ARIB STD-T66 (日本) 等世界规范;

- 开发工具: 有功能强大而灵活的开发工具支持。

CC2420 的引脚如图 8-6 所示。

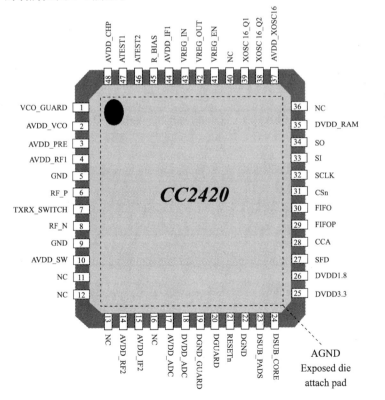

图 8-6   CC2420 引脚图

各引脚功能如表8-2所示。

表8-2　CC2420 引脚功能描述表

引脚号	名称	类型	描述
—	AGND	Ground（模拟）	该引脚必须连接到固体的基极 plane
1	VCO_GUARD	Power（模拟）	VCO（对 AVDD）屏蔽保护圈的连接
2	AVDD_VCO	Power（模拟）	提供给 VCO 的 1.8V 的电源供应
3	AVDD_PRE	Power（模拟）	提供给预分频的 1.8V 的电源供应
4	AVDD_RF1	Power（模拟）	提供给 RF 前端的 1.8V 的电源供应
5	GND	Ground（模拟）	RF 防护的接地引脚
6	RF_P	RF I/O	正的 RF 输入/输出信号，该信号在接收/发送模式中送往 LNA/源自 PA
7	TXRX_SWITCH	Power（模拟）	用于集成 RF 前端的公共供应连接，必须通过一个 DC 路径外部连接到 RF_和 RF_N
8	RF_N	RF I/O	负的 RF 输入/输出信号，该信号在接收/发送模式中送往 LNA/源自 PA
9	GND	Ground（模拟）	用于 RF 防护的接地引脚
10	AVDD_SW	Power（模拟）	提供给 LNA/PA 开关的 1.8V 电源
11	NC	—	没有连接
12	NC	—	没有连接
13	NC	—	没有连接
14	ACDD-RF2	Power（模拟）	提供给接收和发送混频器的 1.8V 电源
15	AVDD-IF2	Power（模拟）	提供给接收和发送 IF 链的 1.8V 电源
16	NC	—	没有连接
17	AVDD-ADC	Power（模拟）	提供给 ADCs 和 DACs 模拟部分的 1.8V 电源
18	DVDD_ADC	Power（数字）	提供给接收 ADCs 数字部分的 1.8V 电源
19	DGND-GUARD	Ground（数字）	用于隔离数字噪声的接地连接
20	DGUARD	Power（数字）	用于隔离数字噪声的 1.8V 电源
21	RESETn	数字输入	异步，低有效数字复位
22	DGND	Ground（数字）	用于数字内核和数字 pad 的接地连接
23	DSUB_PADS	Ground（数字）	用于指垫数字 pad 底层连接
24	DSUB-CORE	Ground（数字）	用于数字组件的底层连接
25	DVDD3.3	Power（数字）	用于数字输入/输出的 3.3V 电源
26	DVDD1.8	Power（数字）	用于数字内核的 1.8V 电源
27	SFD	数字输出	SFD（帧的起始位）/数字混合输出
28	CCA	数字输出	CCA（通道评估（Channel Assessment））/数字混合输出
29	FIFOP	数字输出	当 FIFO 中的有效字节数超出阈值或者在测试模式下串行输出 RF 时钟时有效
30	FIFO	数字输入/输出	当数据在 FIFO 中或者在测试模式下进行串行 RF 数据输入/输出时有效
31	CSn	数字输入	SPI 芯片选择，低有效
32	SCLK	数字输入	SPI 时钟输入，高达 10MHz
33	SI	数字输入	SPI 从输入，在 SCLK 的正边沿采样
34	SO	数字输出（三态）	SPI 从输出，在 SCLK 的负边沿更新，当 CSn 为高时三态
35	DVDD-RAM	Power(digital)	用于数字 RAM 的 1.8V 电源

（续）

引脚号	名称	类型	描述
36	NC	—	没有连接
37	AVDD_XOSC16	Power（模拟）	1.8V 的晶体振荡器电源
38	XOSC16_Q2	模拟输入/输出	16MHz 的晶体振荡器引脚 2
39	XOSC16_Q1	模拟输入/输出	用于外部时钟输入 16MHz 的晶体振荡器引脚 1
40	NC	—	没有连接
41	VREG_EN	数字输入	电压调制使能，高有效，当有效时保持在 VREG_IN 电压。注意 VERG_EN 和 VREG_IN 相关，而不是 DVDD3.3
42	VREG_OUT	Power 输出	由电压调制器提供的 1.8V 电源
43	VREG_IN	Power（模拟）	供应给电压调制器的电源（2.1～3.6V）
44	AVDD_IF1	Power（模拟）	用于发送/接收的 IF 链
45	R_BIAS	模拟输出	外部精确电阻，43kΩ，±1%
46	ATEST2	模拟输入/输出	用于原型和产品测试的模拟输入/输出
47	ATEST1	模拟输入/输出	用于原型和产品测试的模拟输入/输出
48	AVDD_CHP	Power（模拟）	用于阶段检测和负荷泵（charge pump）的 1_8V 电源

CC2420 是一款中低频接收器。接收到的射频信号首先被一个低噪放大器（LNA）放大，并将同相正交信号下变频到中频（2MHz），接着复合的同相正交信号被滤波放大，再通过 AD 转换器转换成数字信号，其中自动增益控制、最后的信道滤波、扩频、相关标志位、同步字节都是以数字的方法实现的。

图 8-7 所示为 CC2420 的内部功能模块图。

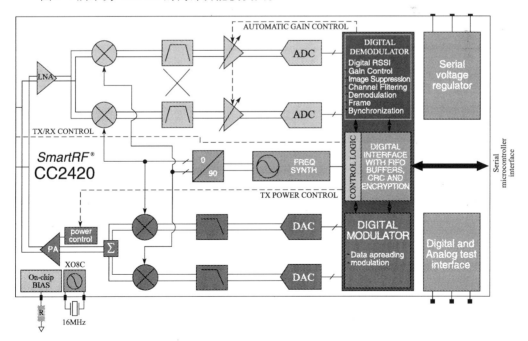

图 8-7　CC2420 功能模块简化框图

当 SFD 引脚变高时，标志着一个起始帧的标识符已经被发现。CC2420 将收到的数据存放到一个 128 字节的 FIFO 接收单元，使用者可以通过 SPI 接口读取 FIFO 中的数据，并且通过硬件完成 CRC 校验，接收信号的强度指示和相关的评测都被添加到帧里面。在接收模式下 CCA 可以通过一个引脚来获得；在测试时，它还提供一个无缓冲的串行数据模式。

CC2420 通过直接上转换来完成发送，待发送的数据保存在一个 128 字节的 FIFO 发送单元（与 FIFO 接收单元相互独立）中，其中帧头和帧标识符由硬件自动添加。按照 IEEE 802.15.4 中的扩展顺序，每一个字符（4bits）都被扩展成 32 个码片，并被送到数模转换器以模拟信号的方式输出。

一个模拟低通滤波器将信号传递到积分（quadrature）上变频混频器，得到的射频信号被功率放大器（PA）放大，并被送到天线匹配。

内部的发送接收选择开关电路使天线连接和匹配更加容易，但是射频线路是差分的，所以终端天线经常通过一个不平衡变压器来匹配。通过一个外部直流通道将 TXRX_SWITCH 引脚连接到 RF-P 引脚和 RF-N 引脚来为低噪声放大器和功率放大器提供偏置电压。

CC2420 中的频率合成器包含一个完整的片上 LC 压控振荡器，其中一个 90°的相位分离器用来产生同相和正交相的本地振荡信号，用来为接收模式的下变频混合器以及发送模式的上变频混合器提供原始信号。压控振荡器（VCO）工作在 4800～4966MHz 频段，但是当分离器产生了同相和正交相时，这个频率就会被二分频。

一个外部晶振必须连接到 XOSC16_Q1 和 XOSC16_Q2 引脚，用来为合成器提供参考频率。锁相环（PLL）可提供数字锁定信号。

4. CC2430/31

CC2430/CC2431 是 Chipcon 公司推出的用来实现嵌入式 ZigBee 应用的片上系统。它支持 2.4GHz IEEE 802.15.4/ZigBee 协议。根据芯片内置闪存的不同容量，提供给用户 3 个版本，即 CC2430-F32/64/128，分别对应内置闪存 32/64/128KB。

CC2430/CC2431 采用增强型 8051 MCU、32/64/128KB 闪存、8KB SRAM 等高性能模块，并内置了 ZigBee 协议栈。加上超低能耗，使得它可以用很低的费用构成 ZigBee 节点，具有很强的市场竞争力。

CC2430/CC2431 实现了 SoC CMOS 解决方案。这种解决方案能够提高性能并满足以 ZigBee 为基础的 2.4GHz ISM 波段应用对低成本、低功耗的要求。它结合一个高性能 2.4GHz DSSS（直接序列扩频）射频收发器核心和一颗工业级小巧高效的 8051 控制器。

CC2430/CC2431 芯片沿用了以往 CC2420 芯片的架构，在单个芯片上整合了 ZigBee 射频（RF）前端、内存和微控制器。它使用 1 个 8 位 MCU（8051），具有 32/64/128KB 可编程闪存和 8KB 的 RAM，还包含模拟数字转换器（ADC）、几个定时器（Timer）、AES128 协同处理器、看门狗定时器（Watchdog Timer）、32kHz 晶振的休眠模式定时器、上电复位电路（Power On Reset）、掉电检测电路（Brown Out Detection）以及 21 个可编程 I/O 引脚。

CC2430/CC2431 的区别在于：CC2431 有定位跟踪引擎，而 CC2430 无定位跟踪引擎。在外观上，CC2430 与 CC2431 完全一样的。

CC2430/CC2431 芯片采用 0.18μm CMOS 工艺生产，工作时的电流损耗为 27mA；在接收和发射模式下，电流损耗分别低于 27mA 或 25mA。CC2430/CC2431 的休眠模式和转换到主动模式的超短时间的特性特别适合那些要求电池寿命非常长的应用。

图 8-8 所示为 CC2430 的内部功能模块图。

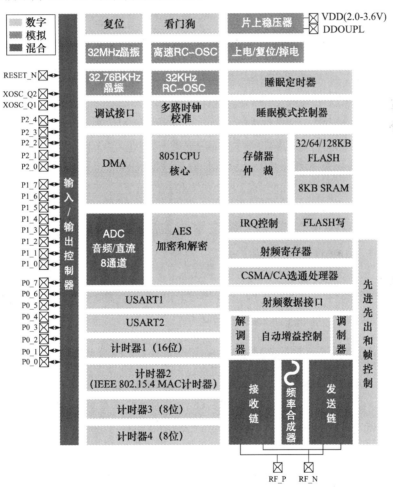

图 8-8　CC2430 功能模块简化框图

CC2430/CC2431 芯片的主要特点如下：

- 内核：采用高性能、低功耗的 8051 微控制器内核；
- RF：适应 2.4GHz IEEE 802.15.4 的 RF 收发器；
- 性能：极高的接收灵敏度和抗干扰性能；

- 内存：32/64/128KB 闪存；
- SRAM：8KB SRAM，具备在各种供电方式下的数据保持能力；
- 外设访问：强大的 DMA 功能；
- 集成性：只需极少的外接元件；
- 组网支持：只需一个晶体即可满足组网需要；
- 能耗：电流消耗小（当微控制器内核运行在 32MHz 时，Rx 为 27mA、Tx 为 25mA）。掉电方式下，电流消耗只有 0.9μA，外部中断或者实时钟（RTC）能唤醒系统；挂起方式下，电流消耗小于 0.6μA，外部中断能唤醒系统；
- MAC 协议：硬件支持避免冲突的载波侦听多路存取（CSMA/CA）；
- 电压：电源电压范围宽（2.0～3.6V）；
- RSSI 及 LQI：支持数字化的接收信号强度指示器/链路质量指示（RSSI/LQI）；
- 电源管理：采用电池监控器和温度传感器；
- ADC：具有 8 路输入 8～14 位 ADC；
- 安全性：采用高级加密标准（AES）协处理器、看门狗；
- USART：有 2 个支持多种串行通信协议的 USART；
- MAC Timer：1 个 IEEE 802.5.4 媒体存取控制（MAC）定时器；
- 通过 Timer：1 个通用的 16 位和 2 个 8 位定时器；
- 硬件调试：支持硬件调试；
- 引脚：21 个通用 I/O 引脚，其中 2 个具有 20mA 的电流吸收或电流供给能力；
- 开发工具：提供强大、灵活的开发工具；
- 体积：小尺寸 QLP 48 封装，7mm×7mm。

CC2430/CC2431 具有 CC2420 RF 接收器以及增强性能的 8051 MCU、8KB RAM 等，其增强的 8051 MCU 核的性能是工业标准 8051 核性能的 8 倍。CC2430/CC2431 还具备直接存储器定址（DMA）功能（它能够被用于减轻 8051 微控制器内核对数据的搬移，因此提高了芯片整体的性能）、可编程看门狗定时器、AES-128 安全协处理器、多达 8 输入的 8～14 位 ADC、USART、睡眠模式定时、上电复位、掉电检测电路（Brown Out Detection）、21 个可编程 I/O 管脚等，两个可编程的 USART 用于主/从 SPI 或 UART 操作。带外部功放的 CC2430/CC2431 参考设计可提供 +10dBm 的输出功率。

CC2431 片上系统（SoC）由 CC2430 加上 Motorola 的基于 IEEE 802.15.4 标准的无线电定位引擎组成。CC2431 和 CC2430 的最大区别在于 CC2431 具有包括 Motorola 的有许可证的定位检测硬件核心。采用该核心，可以实现 0.25 米的定位分辨率和 3 米左右的定位精度，这个精度已经大大高于卫星定位的精度，定位时间小于 40 微秒。采用 CC2431 组成定位系统，需要有最少 3 个参考节点组成的一个无线定位网络。

CC2430/CC2431 芯片采用 7mm×7mm QLP 封装，共有 48 个引脚（如图 8-9 所示）。全部引脚可分为 I/O 端口线引脚、电源线引脚和控制线引脚三类。

各引脚功能如表 8-3 所示。

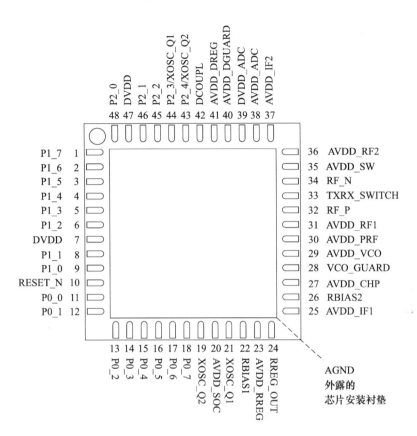

图 8-9　CC2430 引脚图

表 8-3　CC2430 引脚功能描述表

引脚号	名称	类型	描述
—	AGND	接地	外露的芯片安装衬垫必须连接到 PCB 的接地层
1	P1_7	数字 I/O	Port 1.7
2	P1_6	数字 I/O	Port 1.6
3	P1_5	数字 I/O	Port 1.5
4	P1_4	数字 I/O	Port 1.4
5	P1_3	数字 I/O	Port 1.3
6	P1_2	数字 I/O	Port 1.2
7	DVDD	电源（数字）	用于数字 I/O 的 2.0～3.6V 数字供电
8	P1_1	数字 I/O	Port 1.1，具有 20mA 驱动能力
9	P1_0	数字 I/O	Port 1.0，具有 20mA 驱动能力
10	RESET_N	数字输入	复位，低电平有效
11	P0_0	数字 I/O	Port 0.0
12	P0_1	数字 I/O	Port 0.1
13	P0_2	数字 I/O	Port 0.2
14	P0_3	数字 I/O	Port 0.3
15	P0_4	数字 I/O	Port 0.4

（续）

引脚号	名称	类型	描述
16	P0_5	数字 I/O	Port 0.5
17	P0_6	数字 I/O	Port 0.6
18	P0_7	数字 I/O	Port 0.7
19	XOSC_Q2	模拟 I/O	32MHz 晶体振荡器引脚 2
20	AVDD_SOC	电源（模拟）	2.0 ~ 3.6V 模拟供电连接处
21	XOSC_Q1	模拟 I/O	32MHz 晶体振荡器引脚 1，或外接时钟输入
22	RBIAS1	模拟 I/O	用于连接提供基准电流的外接精密偏置电阻器
23	AVDD_RREG	电源（模拟）	2.0 ~ 3.6V 模拟供电连接处
24	RREG_OUT	电源输出	1.6V 稳压供电输出，仅供给模拟电路的 1.8V 部分，用于引脚 25，27 ~ 31，35 ~ 40
25	AVDD_IP1	电源（模拟）	1.8V 供电，用于接收器带通滤波器、模拟测试模块、总偏置以及可变增益放大器的第一部分
26	RBIAS2	模拟输出	外接精密电阻器，43kΩ，±1%
27	AVDD_CHP	电源（模拟）	1.8V 供电，用于相位检测，电荷泵和团环滤波的第一部分
28	VCO_CUARD	电源（模拟）	连接电压控制振荡器（VCO）到 AVDD 屏蔽的保护环
29	AVDD_VCO	电源（模拟）	1.8V 供电，用于 VCO 模相环（PLL）滤波器的最后部分
30	AVDD_PRE	电源（模拟）	1.8V 供电，用于预分频器，Div-2 和本地振荡器缓冲器
31	AVDD_RF1	电源（模拟）	1.8V 供电，用于低噪声放大器（LNA）、前端偏置和功率放大器（PA）
32	RF_P	RF I/O	接收时，正 RF 输入信号到 LNA；发送时，来自 PA 的正 RF 输出信号
33	TXRX_SWITCH	电源（模拟）	用于 PA 的校准电压
34	RF_N	RF I/O	接收时，负 RF 输入信号到 LNA；发送时，来自功率放大器的负 RF 输出信号
35	AVDD_SW	电源（模拟）	1.8V 供电，用于 LNA/PA 开关
36	AVDD_RF2	电源（模拟）	1.8V 供电，用于接收和发送的混频器
37	AVDD_IF2	电源（模拟）	1.8V 供电，用于发送低通滤波器和最后阶段的可变增益放大器
38	AVDD_ADC	电源（模拟）	1.8V 供电，用于 ADC 和 DAC 的模拟部分
39	DVDD_ADC	电源（数字）	1.8V 供电，用于 ADC 的数字部分
40	AVDD_DGUARD	电源（数字）	供电连接，用于数字噪声隔离
41	AVDD_DREG	电源（数字）	2.0 ~ 3.6V 数字供电，用于数字核心的稳压器
42	DCOUPL	电源（数字）	1.8V 数字供电退耦，不需要外接电路
43	P2_4/XOSC_Q2	数字 I/O	Port 2.4，32，768kHz XOSC
44	P2_3/XOSC_Q1	数字 I/O	Port 2.3，32，768kHz XOSC
45	P2_2	数字 I/O	Port 2.2
46	P2_1	数字 I/O	Port 2.1
47	DVDD	电源（数字）	2.0 ~ 3.6V 数字供电，用于数字 I/O
48	P2_0	数字 I/O	Port 2.0

5. nRF2401

nRF2401 是由 Nordic 公司生产的单芯片无线收发芯片，工作于 ISM 2.4GHz ~ 2.5GHz 的频率。芯片包括一个完全集成的频率合成器、功率放大器、晶体振荡器和调制器。发射功率和工作频率等工作参数可以很容易地通过 3 线 SPI 端口完成。它有极低的电流消耗，在 −5dBm 的输出功率时电流消耗仅为 10.5mA，在接收模式时仅为 18mA。掉电模式可以很容易地实现低功耗需求。其样品如图 8-10 所示。

nRF2401 性能特点如下：

图 8-10 nRF2401 样品图

- 体积：QFN24 5mm × 5mm 封装；

- 宽电压工作范围：1.9 ~ 3.6V；

- 工作温度范围： −40℃ ~ +80℃ ；

- 工作频率范围：2.400 ~ 2.524GHz；

- 数据传输速率：250Kbit/s、1Mbit/s；

- 功耗：低功耗设计，接收时工作电流功耗为 18mA；0dBm 功率发射时功耗为 13mA；掉电模式时功耗仅为 400μA；

- 工作模式：多通道工作模式，125 个数据通道，通道切换时间 ≤200μs，满足多点通信和调频需要；

- 检错纠错：硬件的 CRC 校验和点对多点的地址控制；

- 通信端口：SPI 通信端口，适合与各种 MCU 连接，编程简单；

- 可配置性：可通过软件设置工作频率、通信地址、传输速率和数据包长度；

- 其他特性：MCU 可通过"接收完成"引脚判断是否完成数据接收。

nRF2401 电路原理图如图 8-11 所示。

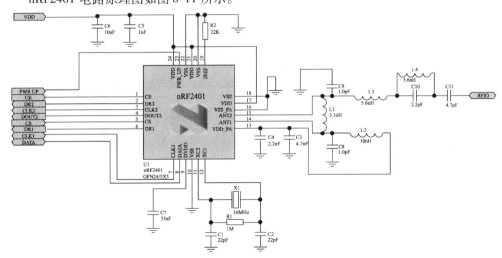

图 8-11 nRF2401 电路原理图

nRF2401 引脚顶视图如图 8-12 所示。

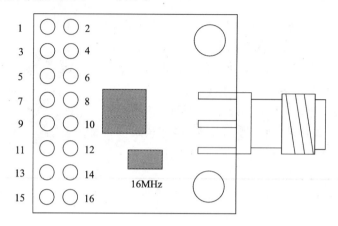

16MHz

图 8-12　nRF2401 引脚顶视图

各引脚功能描述如表 8-4 所示。

表 8-4　nRF2401 引脚功能描述表

引脚	名称	功能
1	VCC	电源输入，1.9~3.6V
2	VCC	电源输入，1.9~3.6V
3	GND	电源地
4	PWR_UP	上电（芯片激活）
5	CE	使芯片工作在接收或发送模式
6	DR2	接收通道 2 接收完成
7	GND	电源地
8	CLK2	接收通道 2 时钟输入/输出
9	GND	电源地
10	DOUT2	接收通道 2 数据输出
11	CS	芯片配置模式选择
12	DR1	接收通道 1 接收完成
13	GND	电源地
14	CLK1	接收通道 1 时钟输入/输出
15	GND	电源地
16	DATA	接收通道 1 数据输入/输出

nRF2401 内置地址解码器、先入后出堆栈区、解调处理器、时钟处理器、GFSK 滤波器、低噪声放大器、频率合成器、功率放大器等功能模块，需要的外围元件很少，因此使用起来非常方便。QFN24 引脚封装，外形尺寸只有 5×5mm。

nRF2401 与 5V 单片机的连接（只适用于高阻口）如图 8-13 所示。

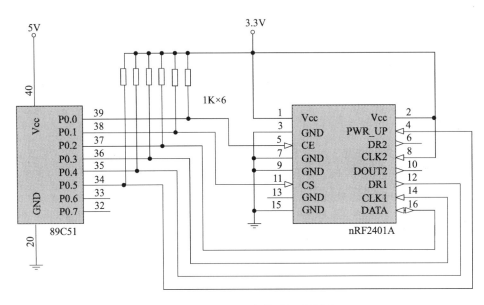

图 8-13　nRF2401 与单片机连接图

8.2　主要通信协议

8.2.1　ZigBee

1999 年，为应对自动化应用需求的增加，出现了低功耗、低成本以及多节点的无线网络技术概念——ZigBee。ZigBee 一词源于蜜蜂，蜜蜂通过 ZigZag 字形舞蹈与同伴通信，传递花与蜜的位置、方向、距离等信息，因而将其作为这种短距离无线通信新技术的名字。2000 年 12 月，IEEE 成立 IEEE 802.15.4 工作组，致力于开发一种可应用在固定、便携或移动设备上的低成本、低功耗以及多节点的低速无线联网技术。2001 年 8 月，Honeywell 等公司发起成立 ZigBee 联盟（ZigBee Alliance），他们提出的 ZigBee 技术被确认纳入 IEEE 802.15.4 标准。2002 年 10 月，英国 Invensys 公司、日本三菱电气公司、美国摩托罗拉公司以及荷兰飞利浦半导体公司共同宣布，它们将加盟"ZigBee 联盟"，以研发名为"ZigBee"的下一代无线通信标准，这一事件成为该项技术发展过程中的里程碑，标志着 ZigBee 联盟的正式形成。2003 年 5 月，IEEE 802.15.4 标准形成并获得通过；2004 年 12 月，ZigBee 联盟推出 ZigBee 技术规范 1.0 版本（ZigBee 2004 Specification）；之后不断推出新版本，至 2012 年，ZigBee 联盟推出 ZigBee 技术规范 2012 版本（ZigBee 2012 Specification）。

到目前为止，除了 Invensys、Ember、三菱电子、摩托罗拉、TI（德州仪器）、飞思卡尔（Freescale）和飞利浦等国际知名的大公司外，ZigBee 联盟已有 400 多家成员企业，并在迅速发展壮大。其中涵盖了半导体生产商、IP 服务提供商、消费类电子厂商及 OEM 商等，例如 Honeywell、Eaton 和 Invensys Metering Systems 等工业控制和家用自动化公司，甚至还有像 Mattel 之类的玩具公司。这些公司都参加了负责开发 ZigBee 物理和媒体控制层技术标准的 IEEE 802. 15. 4 工作组。

ZigBee 联盟是一个高速成长的非盈利业界组织，成员包括国际著名半导体生产商、技术提供者、技术集成商以及最终使用者。联盟制定了基于 IEEE 802. 15. 4、具有高可靠、高性价比、低功耗的网络应用规格。ZigBee 是全球无线语言，能够将不同的设备连接起来并一起运作，提升生活质量。ZigBee 技术能融入各类电子产品，应用范围横跨全球的民用、商用、公共事业以及工业等市场，联盟会员可以利用 ZigBee 这个标准化无线网络平台，设计出简单、可靠、便宜又节省电力的各种产品来。

ZigBee 联盟专注的目标包括：①制定网络层、应用支撑层（包括安全）及应用软件层标准；②提供不同产品之间的协调性及互通性测试规范，以保证不同 ZigBee 产品之间的互联互通和相互协同；③在世界各地推广 ZigBee 品牌及产品；④促进相关管理技术的发展。

ZigBee 联盟制订了兼容 IEEE 802. 15. 4 的物理层、MAC 及数据链路层的规范，相关标准于 2003 年 5 月发布。随后，ZigBee 体系结构中的网络层、加密层及应用描述层的制定也取得了较大的进展，ZigBee2. 0、PRO 及 RF4CE 版本相继发布。由于 ZigBee 不仅只是 802. 15. 4 的代名词，而且 IEEE 仅处理低级 MAC 层和物理层协议，因此 ZigBee 联盟对其网络层协议和 API 进行了标准化。完全协议用于一次可直接连接到一个设备的基本节点的 4K 字节或者作为 Hub 或路由器的协调器的 32K 字节。每个协调器可连接多达 255 个节点，而几个协调器则可形成一个网络，对路由传输的数目则没有限制。ZigBee 联盟还开发了安全层，以保证这种便携设备不会意外泄漏其标识，而且这种利用网络的远距离传输不会被其他节点获得。

ZigBee Specification 2012 能够支持在一个网内部署超过 64 000 个设备节点，以实现全无线 Mesh 组网。其设计初衷就是为了在任何行业实现单一控制网络中连接最大范围、最多数量的设备。ZigBee 支持的互操作标准包括：ZigBee 楼宇自动化（ZigBee Building Automation）、ZigBee 健康护理（ZigBee Health Care）、ZigBee 家具自动化（ZigBee Home Automation）、ZigBee 智能照明（ZigBee Light Link）、ZigBee 智慧能源（ZigBee Smart Energy）、ZigBee 电信服务（ZigBee Telecom Services），以及即将推出的 ZigBee 零售服务（ZigBee Retail Services）。

ZigBee 2012 规范有 2 个实现选项或功能集（Feature Sets）：ZigBee 及 ZigBee PRO。ZigBee 功能集的设计目的是支持在一个网络中实现数百个设备节点联网，这种网络规模相对较小；ZigBee PRO 功能集是系统开发者的常用选择，是用于大多数本联盟开发标准的规范。ZigBee PRO 功能集是 ZigBee 功能集中所有功能的最大化集合，同时还提供许多易于使用的工具，能够支持在一个网络中实现数千个设备节点联网。除此而外，ZigBee PRO 功能集现在还提供一种可选择的新功能——绿色能源（Green Power），支持将能源网和自发电设备联入 ZigBee PRO 网络。以上两类功能集可实现无缝互操作，确保长时期稳定使用。

ZigBee 体系结构是在 IEEE 802.15.4 的基础上增加了网络层、安全层和一个应用框架，从而形成一个完整的架构，如图 8-14 所示。以该体系结构为基础，应用设计者可以用 ZigBee 联盟提供的各种标准来创建各种多供应商互操作解决方案。对于定制开发无需互操作的应用系统的设计者而言，他们也可以创建与自己应用相关的标准，因为整个体系结构是开放的，接口也是透明的。

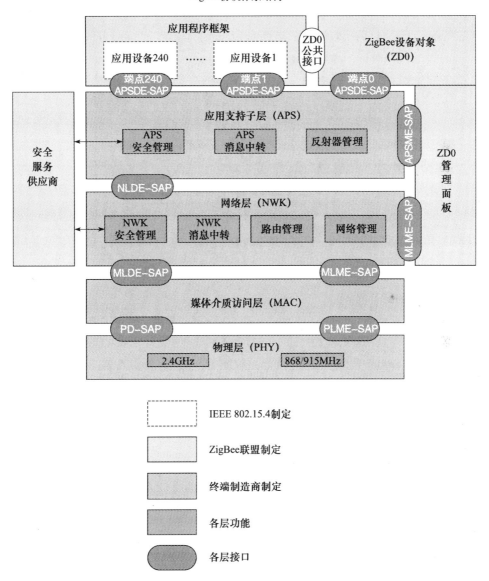

图 8-14　ZigBee 体系结构图

ZigBee 的物理层和 MAC 层依据 IEEE 802.15.4 标准，在数千个微小的传感器之间相互协调实现通信。802.15.4 强调省电、简单、低成本。802.15.4 的物理层（PHY）采用直接序列展频（Direct Sequence Spread Spectrum，DSSS）技术，以化整为零的方式，将一个信号分为多个信号，再经由编码方式传送信号避免干扰。在媒体访问控制层（MAC）方面，主要沿用 WLAN 中 802.11 系列标准的 CSMA/CA 方式，以提高系统兼容性。所谓的 CSMA/CA 在传输之前，先检查信道是否有数据传输，若信道无数据传输，则开始进行数据传输动作；若有数据传输并产生碰撞，则稍后重新传送。可使用的频段有 3 个，分别是 2.4GHz 的 ISM 频段、欧洲的 868MHz 频段，以及美国的 915MHz 频段，不同频段可使用的信道分别是 16、1、10 个。IEEE 802.15.4 通信协议在传输距离和数据率方面，与其他无线通信协议之间的比较如图 8-15 所示。

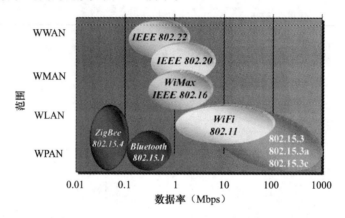

图 8-15　IEEE 802.15.4 与其他通信协议比较图

ZigBee 技术的特点包括：

- 数据传输速率低：一般为 10KB/秒～250KB/秒，适用于低传输应用；
- 功耗低：在低功耗待机模式下，两节普通 5 号电池可使用 6～24 个月；
- 成本低：ZigBee 数据传输速率低，协议简单，大大降低了成本；
- 网络容量大：网络可容纳 65 000 个设备；
- 时延短：通常时延都在 15ms～30ms；
- 安全：ZigBee 提供了数据完整性检查和鉴权功能，采用 AES-128 加密算法；
- 有效范围小：有效覆盖范围为 10～75 米，依据实际发射功率大小和各种不同的应用模式而定；
- 工作频段灵活：使用频段为 2.4GHz、868MHz（欧洲）和 915MHz（美国），均为免执照（免费）的频段；
- 传输可靠：采用碰撞避免策略，同时为需要固定带宽的业务预留专用时隙。

ZigBee 和 ZigBee PRO 网络中的节点分为如下几类：ZigBee 协调器（ZigBee Coordinator）、ZigBee 路由器（ZigBee Router）和 ZigBee 终端设备（ZigBee End Device）。协调器用于控制网络的形成、组网和网络安全；路由器用于扩展网络范围；终端设备用于执行与应用相关的特定感知或控制功能。在现实的市场上，制造商们经常制造一些多功能设备，例如既执行感知功能，同时又充当路由器执行数据传递。

图 8-16 是一个 ZigBee 网络拓扑结构的例子，该网络由 1 个协调器、5 个路由器和 2 个终端设备组成，协调器同时还可以作为网关，用于连接互联网。该网络可以用于一个典型的智能家居系统，协调器可能是一个家庭影院控制系统；路由器可以是灯光设备、温度控制设备及空调等；终端设备可以是灯光开关或安全传感器等简单设备。

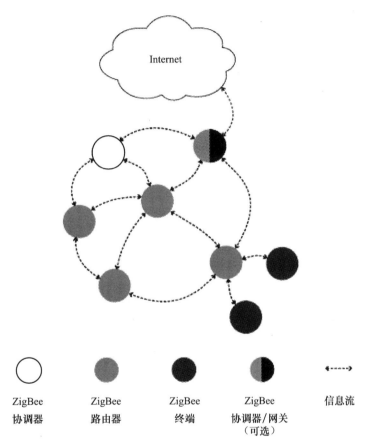

| ZigBee
协调器 | ZigBee
路由器 | ZigBee
终端 | ZigBee
协调器/网关
（可选） | 信息流 |

图 8-16　一个典型的 ZigBee 网络拓扑结构图

8.2.2　UWB

UWB（Ultra WideBand）是一种无载波通信技术，利用纳秒至微微秒级的非正弦波窄脉冲传输数据。有人称它为无线电领域的一次革命性进展，认为它将成为未来短距离无线通信的主流技术。超宽带最初应用的是脉冲无线电技术，此技术可追溯至 19 世纪。后来 Intel 等大公司提出应用了 UWB 的 MB-OFDM 技术方案，由于两种方案的截然不同，而且各自都有强大的阵营支持，制定 UWB 标准的 802.15.3a 工作组并没能在两者中决出最终的标准方案，于是将其交由市场解决。为进一步提高数据速率，UWB 应用超短基带丰富的 GHz 级频谱，如图 8-17 所示。

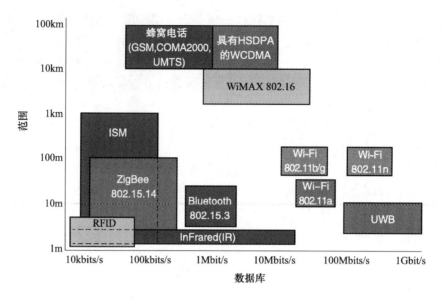

图 8-17　UWB 与其他通信协议比较图

UWB 调制采用脉冲宽度在 ns 级的快速上升和下降脉冲，脉冲覆盖的频谱从直流至 GHz，不需常规窄带调制所需的 RF 频率变换，脉冲成型后可直接送至天线发射。脉冲峰峰时间间隔在 10 ~ 100ps 级。频谱形状可通过甚窄持续单脉冲形状和天线负载特征来调整。UWB 信号在时间轴上是稀疏分布的，其功率谱密度相当低，RF 可同时发射多个 UWB 信号。UWB 信号类似于基带信号，可采用 OOK 调制，对应脉冲键控、脉冲振幅调制或脉位调制。UWB 不同于把基带信号变换为无线射频（RF）的常规无线系统，可视为在 RF 上的基带传播方案，在建筑物内能以极低频谱密度达到 100Mb/s 的数据速率。

为进一步提高数据速率，UWB 应用超短基带丰富的 GHz 级频谱和安全信令方法（Intriguing Signaling Method）。基于 UWB 的宽广频谱，FCC（Federal Communications Commission，美国联邦通信委员会）在 2002 年宣布 UWB 可用于精确测距、金属探测、新一代 WLAN 和无线通信。为保护 GPS、导航和军事通信频段，UWB 的频谱限制在 3.1 ~ 10.6GHz 和低于 41dB 发射功率。

采用时间间隔极短（小于 1ns）的脉冲进行通信的方式，也称为脉冲无线电（Impulse Radio）、时域（Time Domain）或无载波（Carrier Free）通信。与普通二进制移相键控（BPSK）信号波形相比，UWB 方式不利用余弦波进行载波调制而发送许多小于 1ns 的脉冲，因此这种通信方式占用带宽非常之宽，且由于频谱的功率密度极小，使其具有通常扩频通信的特点。

UWB 通过在较宽的频谱上传送极低功率的信号，能在 10 米左右的范围内实现数百 Mbps 至数 Gbps 的数据传输速率。UWB 具有抗干扰性能强、传输速率高、带宽极宽、消耗电能小、发送功率小等诸多优势，主要应用于室内通信、高速无线 LAN、家庭网络、无绳电话、安全检测、位置测定、雷达等领域。UWB 技术最初是作为军用雷达技术开发的，早期主要用于雷达技术领域。2002 年 2 月，美国 FCC 批准了 UWB 技术用于民用，UWB 的发展步伐开始加快。

与蓝牙和 WLAN 等带宽相对较窄的传统无线系统不同，UWB 能在宽频上发送一系列非常窄的低功率脉冲。较宽的频谱、较低的功率/脉冲化数据，意味着 UWB 引起的干扰小于传统的窄带无线解决方案，并能够在室内无线环境中提供与有线相媲美的性能。UWB 具有以下特点：

1）抗干扰性能强。UWB 采用跳时扩频信号，系统具有较大的处理增益，在发射时将微弱的无线电脉冲信号分散在宽阔的频带中，输出功率甚至低于普通设备产生的噪声。接收时将信号能量还原出来，在解扩过程中产生扩频增益。因此，与 IEEE 802.11a、IEEE 802.11b 和蓝牙相比，在同等码速条件下，UWB 具有更强的抗干扰性。

2）传输速率高。UWB 的数据速率可以达到几十 Mbit/s 到几百 Mbit/s，有望高于蓝牙 100 倍，也可以高于 IEEE 802.11a 和 IEEE 802.11b。

3）带宽极宽。UWB 使用的带宽在 1GHz 以上，高达几个 GHz。超宽带系统容量大，并且可以和窄带通信系统同时工作而互不干扰。这在频率资源日益紧张的今天，开辟了一种新的时域无线电资源。

4）消耗电能小。通常情况下，无线通信系统在通信时需要连续发射载波，因此要消耗一定电能。而 UWB 不使用载波，只是发出瞬间脉冲电波，也就是直接按 0 和 1 发送出去，并且在需要时才发送脉冲电波，所以消耗电能小。

5）保密性好。UWB 保密性表现在两方面。一方面是采用跳时扩频，接收机只有在已知发送端扩频码时才能解出发射数据；另一方面是系统的发射功率谱密度极低，用传统的接收机无法接收。

6）发送功率小。UWB 系统发射功率非常小，通信设备使用小于 1mW 的发射功率就能够实现通信。一方面，低发射功率大大延长系统电源工作时间；另一方面，由于发射功率小，其电磁波辐射对人体的影响也会很小，是一种绿色低碳的通信技术，因此受到普遍欢迎。

UWB 技术在 20 世纪 60 年代主要研究受时域脉冲响应控制的微波网络的瞬态动作。20 世纪 70 年代，通过 Harmuth、Ross 和 Robbins 等先行公司的研究，UWB 技术获得了重要的发展，其中多数集中在雷达系统应用中，包括探地雷达系统。到 20 世纪 80 年代后期，该技术开始被称为"无载波"无线电，或脉冲无线电。美国国防部在 1989 年首次使用"超带宽"这一术语。为了研究 UWB 在民用领域使用的可行性，自 1998 年起，美国联邦通信委员会（FCC）对超宽带无线设备对原有窄带无线通信系统的干扰及其相互共容的问题开始广泛征求业界意见，在有美国军方和航空界等众多不同意见的情况下，FCC 仍开放了 UWB 技术在短距离无线通信领域的应用许可。这充分说明此项技术所具有的广阔应用前景和巨大的市场诱惑力。

2003 年 12 月，IEEE 在美国新墨西哥州的阿尔布克尔市举行了有关 UWB 标准的大讨论。那时关于 UWB 技术有两种相互竞争的标准，一方是以 Intel 与德州仪器为首支持的 MBOA 标准，一方是以摩托罗拉为首的 DS-UWB 标准，双方在这场讨论中各不相让，两者的分歧体现在 UWB 技术的实现方式上，前者采用多频带方式，后者为单频带方式。这两个阵营均表示将单独推动各自的技术。虽然标准尘埃未定，但摩托罗拉已有了追随者，三星在国际消费电子展上展示的全球第一套可同时播放三个不同的 HSDTV 视频流的无线广播系统，就采用了摩托罗拉公司的 Xtreme Spectrum 芯片，该芯片组是摩托罗拉的第二代产品，已有样片提供，其数据传输速度最高可达 114Mbps，而功耗不超过 200mw。在另一阵营中，Intel 公司在其开发商论坛上展示了该公司第一个采用 90nm 技术工艺处理的 UWB 芯片；同时，该公司还首次展示多家公司联合支持的、采用 UWB 芯片的、应用范围超过 10M 的 480Mbps 无线 USB 技术。在 5 月中旬由 IEEE 802.15.3a 工作组主持召开的标准大讨论会议上对这种技术进行投票选举 UWB 标准，MBOA 获得 60% 的支持，DS-UWB 获取 40% 的支持，两者都没有达到成为标准必须达到 75% 选票的要求。因此标准之争还要持续下去。

美国在 UWB 的积极投入，引起了欧盟和日本的重视，也纷纷开展研究计划。由 Wisair、Philips 等六家公司和团体成立了 Ultrawaves 组织，进行家庭内 UWB 在 AV 设备高速传输的可行性研究。位于以色列的 Wisair 多次发表所开发的 UWB 芯片组。STMicro、Thales 集团和摩托罗拉等 10 家公司和团体则成立了 UCAN 组织，利用 UWB 达成 PWAN 的技术，包括实体层、MAC 层、路由与硬件技术等。PULSERS 是由位于瑞士的 IBM 研究公司、英国的 Philips 研究组织等 45 家以上的研究团体组成，研究 UWB 的近距离无线界面技术和位置测量技术。日本在 2003 年元月成立了 UWB 研究开发协会，计有 40 家以上的学者和大学参加，并在同年 3 月构筑 UWB 通信实验设备。多个研究机构可在不经过核准的情况下，先行从事研究。中国在 2001 年 9 月初发布的 "十五" 国家 863 计划通信技术主题研究项目中，首次将 "超宽带无线通信关键技术及其共存与兼容技术" 作为无线通信共性技术与创新技术的研究内容，鼓励国内学者加强这方面的研究工作。

UWB 的专业 IC 设计公司已有数家，如 Time Domain、Wisair、Discrete Time Communications。最具代表性的 Xtreme Spectrum 在 2003 年夏天被摩托罗拉并购，该公司在 2002 年 7 月推出芯片组 Trinity 及其参考用电路板，芯片组由 MAC、LNA、RF、Baseband 组成，耗电量为 200mW，使用 3.1G～7.5GHz 频段，速度为 100Mbps。为了争夺未来的家庭无线网络市场，许多厂商都推出了自己的网络产品，如 Intel 的 Digital Media Adapter、Sony 的 RoomLink（这两种适配器应用的是 802.11），Xtreme Spectrum 则推出了基于 UWB 技术的 TRINITY 芯片组和一些消费电子产品。而 Microsoft 推出了 WindowsXP Media Center Edition 以确保 PC 成为智能网络的枢纽。图 8-18 是 WiMedia UWB 无线平台示意图。

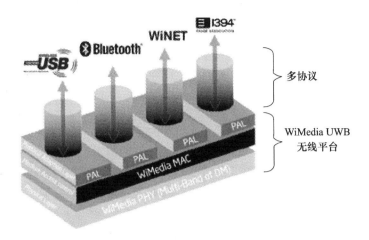

图 8-18   WiMedia UWB 无线平台示意图

如上图所示，在 WiMedia UWB 无线平台上，无线 USB、蓝牙、WiNET 以及IEEE 1394等协议都可以得到良好的支持。

图 8-19 所示为基于 UWB 的无线 USB 2.0 技术框图。

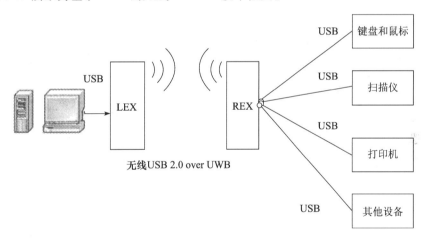

图 8-19   基于 UWB 的无线 USB 2.0 技术框图

从 UWB 的技术参数来看，UWB 的传输距离只有10M 左右，因此我们只将常见的短距离无线技术与 UWB 作对比，从中更能显示出 UWB 的优点。常见的短距离无线技术有 IEEE 802.11a、蓝牙、HomeRF。

（1）IEEE 802.11a 与 UWB

IEEE 802.11a 是由 IEEE 制定的无线局域网标准之一，物理层速率在 54Mbps，传输层速率在 25Mbps，它的通信距离可能达到100M，而 UWB 的通信距离在10M 左右。在短距离的范围（如10M 以内），IEEE 802.11a 的通信速率与 UWB 相比却相差很大，UWB 可以达到上千兆，是 IEEE 802.11a 的几十倍；超过这个距离范围（即大于10M），由于 UWB 发射功率受限，UWB 性能就差很多（从演示的产品来看，UWB 的有效距离已扩展到20M

左右）。因此从总体来看，通信距离在 10M 以内时，IEEE 802.11a 无法与 UWB 相比；但是在 10M 以外时，UWB 无法与 IEEE 802.11a 相比。另外与 UWB 相比，IEEE 802.11a 的功耗大得多。

（2）蓝牙与 UWB

蓝牙（Bluetooth）技术是爱立信、IBM 等 5 家公司在 1998 年联合推出的一项无线网络技术。随后成立的蓝牙技术特殊兴趣组织（SIG）负责该技术的开发和技术协议的制定，如今全世界已有 1800 多家公司加盟该组织。蓝牙的传输距离为 10cm ~ 10m。它采用 2.4GHzISM 频段和调频、跳频技术，速率为 1Mbps。从技术参数上看，UWB 的优越性是比较明显的，有效距离近似，功耗也近似，但 UWB 的速度却是蓝牙速度的几百倍。蓝牙唯一比 UWB 优越的地方就是蓝牙的技术已经比较成熟，但是随着 UWB 的发展，这种优势就不再是优势，因此有人在 UWB 刚出现时把它看成是蓝牙的杀手，也不是没有道理的。

（3）HomeRF 与 UWB

HomeRF 是专门针对家庭住宅环境而开发出来的无线网络技术，借用了 IEEE 802.11 规范中支持 TCP/IP 传输的协议；而其语音传输性能则来自 DECT（无绳电话）标准。HomeRF 定义的工作频段为 2.4GHz，这是不需许可证的公用无线频段。HomeRF 使用了跳频空中接口，每秒跳频 50 次，即每秒信道改换 50 次。收发信机最大功率为 100mW，有效范围约 50m，其速率为 1 ~ 2Mbps。与 UWB 相比，二者各有优势：HomeRF 的传输距离远，但速率低；UWB 传输距离只有 HomeRF 的五分之一，但速度却是 HomeRF 的几百倍甚至上千倍。

总而言之，这些流行的短距离无线通信标准各有千秋，这些技术之间存在着相互竞争，但在某些实际应用领域内它们又能相互补充。"UWB 将取代某种技术"是一种不负责任的说法，就好像飞机又快又稳，也没有取代自行车一样，因为它们各有各的应用领域。四种短距离无线传感技术的区别如表 8-5 所示。

表 8-5　几种无线传输协议比较表

	UWB	蓝牙	IEEE 802.11a	HomeRF
速率（bps）	最高达 1G	<1M	54M	1 ~ 2M
距离（米）	<10	10	10 ~ 100	50
功率	1 毫瓦以下	1 ~ 100 毫瓦	1 瓦以上	1 瓦以下
应用范围	探距离多媒体	家庭或办公室	电脑和 Internet 网关	电脑、电话及移动设备

8.2.3　蓝牙

蓝牙（Bluetooth）这个名称源于十世纪的一位丹麦维京国王 Harald Blatand，因为国王喜欢吃蓝莓，牙龈每天都是蓝色的，所以叫蓝牙。在行业协会筹备阶段，需要一个极具表现力的名字来命名这项高新技术。行业组织人员在经过一夜关于欧洲历史和未来无线技术发展的讨论后，有些人认为用 Blatand 国王的名字命名再合适不过了。Blatand 国王将挪威、瑞典和丹麦统一了起来。而且他的口齿伶俐，善于交际，就如同这项即将面世的技术，它将被定义为允许不同工业领域之间的协调工作，保持着各个系统领域之间的良好交流，例如计算机、手机和汽车行业之间的工作。故得此名。

蓝牙的创始人是爱立信公司。爱立信公司早在 1994 年就开始进行研发。1997 年，爱立信与其他设备生产商联系，并激发了他们对该项技术的浓厚兴趣。1998 年 2 月，由诺基亚、苹果、三星等公司组成了一个特殊兴趣小组（SIG），他们共同的目标是建立一个全球性的小范围无线通信技术，即蓝牙。而蓝牙标志的设计取自 Harald Bluetooth 名字中的「H」和「B」两个字母，用古北欧字母来表示，将这两者结合起来，就成为了蓝牙的 logo，如图 8-20 所示。

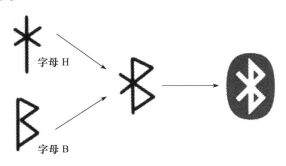

图 8-20　蓝牙标志的来源示意图

1998 年 5 月，爱立信、诺基亚、东芝、IBM 和英特尔公司在联合开展短程无线通信技术的标准化活动时提出了蓝牙技术，其宗旨是提供一种短距离、低成本的无线传输应用技术。这五家厂商还成立了蓝牙特别兴趣组，以使蓝牙技术能够成为未来的无线通信标准。英特尔公司负责半导体芯片和传输软件的开发，爱立信公司无线射频和移动电话软件的开发，IBM 和东芝公司笔记本电脑接口规格的开发。1999 年下半年，著名的业界巨头微软、摩托罗拉、三星、朗讯与蓝牙特别小组的五家公司共同发起成立了蓝牙技术推广组织，从而在全球范围内掀起了一股"蓝牙"热潮。全球业界开发出一大批蓝牙技术的应用产品，使蓝牙技术呈现出极其广阔的市场前景，并预示着 21 世纪初将迎来波澜壮阔的全球无线通信浪潮。

Bluetooth SIG（Bluetooth Special Interest Group，蓝牙特别兴趣组）是由电信、计算机、汽车制造、工业自动化和网络行业的领先厂商组成的技术联盟。该小组致力于推动蓝牙无线技术的发展，为短距离连接移动设备制定低成本的无线规范，并将其推向市场。

蓝牙设备的最大发射功率可分为 3 级：100mw（20dB/m）、2smw（4dB/m）、1mw（0dB/m）。当蓝牙设备功率为 1mw 时，其传输距离一般为 0.1 ~ 10m。当发射源接近或是远离而使蓝牙设备接收到的电波强度改变时，蓝牙设备会自动地调整发射功率。当发射功率提高到 10mw 时，其传输距离可以扩大到 100m。蓝牙支持点对点和点对多点的通信方式，在非对称连接时，主设备到从设备的传输速率为 721kbps，从设备到主设备的传输速率为 57.6kbps；对称连接时，主从设备之间的传输速率均为 432.6kbps。蓝牙标准中规定在连接状态下有保持模式（HoldMode）、呼吸模式（SniffMode）和休眠模式（ParkMode）3 种电源节能模式，以及正常的活动模式（ActiveMode）。一个使用电源管理的蓝牙设备可以处于这 4 种状态中的任何一种，并能够进行切换，按照电能损耗由高到低的顺序排列为：活动模式、呼吸模式、保持模式、休眠模式，其中，休眠模式节能效率最高。蓝牙技术的出现为各种移动设备和外围设备之间的低功耗、低成本、短距离的无线连接提供了有效途径。

Bluetooth 技术得到了空前广泛的应用，集成该技术的产品从手机、汽车到医疗设备，使用该技术的用户从消费者、工业市场到企业等。低功耗、小体积以及低成本的芯片解决方案使得 Bluetooth 技术可以应用于极微小的设备中。

蓝牙 4.0 包括三个子规范，即传统蓝牙技术、高速蓝牙和新的蓝牙低功耗技术。蓝牙 4.0 的改进之处主要体现在三个方面：电池续航时间、节能和设备种类并拥有低成本、跨厂商互操作性、3 毫秒低延迟、100 米以上超长距离、AES-128 加密等诸多特色。此外，蓝牙 4.0 的有效传输距离也有所提升，可达到 100 米（约 328 英尺）。蓝牙 4.0 继承了蓝牙技术无线连接的所有固有优势，同时增加了低功耗蓝牙和高速蓝牙的特点，尤以低耗能技术为核心，大大拓展了蓝牙技术的市场潜力。低功耗蓝牙技术为以纽扣电池供电的小型无线产品及感测器在医疗保健、运动与健身、保安及家庭娱乐等方面的应用提供了新的机会。

蓝牙各版本简表如表 8-6 所示。

表 8-6　蓝牙各版本简要描述表

版本	规范发布日期	增强功能
0.7	1998 年 10 月 19 日	Baseband、LMP
0.8	1999 年 1 月 21 日	HCI、L2CAP、RFCOMM
0.9	1999 年 4 月 30 日	OBEX 与 IrDA 的互通性
1.0 Draft	1999 年 7 月 5 日	SDP、TCS
1.0 A	1999 年 7 月 26 日	/
1.0 B	2000 年 10 月 1 日	WAP 应用上更具互通性
1.1	2001 年 2 月 22 日	IEEE 802.15.1
1.2	2003 年 11 月 5 日	列入 IEEE 802.15.1a
2.0 + EDR	2004 年 11 月 9 日	EDR 传输率提升至 2～3Mbit/s
2.1 + EDR	2007 年 7 月 26 日	简易安全配对、暂停与继续加密、Sniff 省电
3.0 + HS	2009 年 4 月 21 日	交替射频技术、取消了 UMB 的应用
4.0 + HS	2010 年 6 月 30 日	传统蓝牙技术、高速蓝牙和新的蓝牙低功耗技术

8.2.4 近场通信

近场通信（Near Field Communication，NFC）也称近距离无线通信，是一种短距离的高频无线通信技术，允许电子设备之间进行非接触式点对点数据传输（在十厘米内）实现数据交换。这个技术由免接触式射频识别（RFID）演变而来，并向下兼容 RFID，最早由 Sony 和 Philips 各自开发成功，主要用于为手机等手持设备提供 M2M（Machine to Machine）通信。由于近场通信具有天然的安全性，因此，NFC 技术被认为在手机支付等领域具有很广的应用前景。同时，NFC 也因其具有相比于其他无线通信技术更好的安全性，而被视为机器之间的"安全对话"。

NFC 芯片具有相互通信的功能，并具有计算能力，在 Felica 标准中还含有加密逻辑电路，MIFARE 的后期标准也追加了加密/解密模块（SAM）。NFC 标准兼容了索尼公司的 FeliCaTM 标准，以及 ISO 14443 A、B，即使用飞利浦的 MIFARE 标准。在业界简称为 TypeA、TypeB 和 TypeF，其中 A、B 为 Mifare 标准，F 为 Felica 标准。为了推动 NFC 的发展和普及，业界创建了一个非营利性的标准组织——NFC 论坛（NFC Forum），促进 NFC 技术的实施和标准化，确保设备和服务之间协同合作。NFC Forum 在全球拥有数百个成员，包括 SONY、Philips、LG、摩托罗拉、NXP、NEC、三星、atoam、Intel，其中中国成员有步步高 vivo、OPPO、小米、中国移动、华为、中兴、上海同耀和台湾正隆等公司。

2003 年前后，Philips 半导体和 Sony 公司计划基于非接触式卡技术发展一种与之兼容的无线通信技术。飞利浦委派了一个团队到日本和 Sony 公司工程师一起共同研究三个月，然后联合对外发布一种兼容当前 ISO 14443 非接触式卡协议的无线通信技术，取名 NFC（Near Field Communication）。该技术规范定义了两个 NFC 设备之间基于 13.56MHz 频率的无线通信方式，在 NFC 的世界里没有读卡器，没有卡，只有 NFC 设备。该规范定义了 NFC 设备通信的两种模式：主动模式和被动模式，并且分别定义了两种模式的选择和射频场防冲突方法、设备防冲突方法，定义了不同波特率通信速率下的编码方式、调制解调方式等底层的通信方式和协议，即解决了交换数据流的问题。该规范最终被提交到 ISO 标准组织获得批准成为正式的国际标准，这就是 ISO 18092，后来增加了 ISO 15693 的兼容，形成新的 NFC 国际标准 IP2，也就是 ISO 21481。同时 ECMA（欧洲计算机制造协会）也颁布了针对 NFC 的标准，分别是 ECMA340 和 ECMA352，对应的是 ISO18092 与 ISO21481，其实两个标准内容大同小异，只是 ECMA 的是免费的（大家可以从网上下载），而 ISO 标准是收费的。为了促进标准化，ISO/IEC 18092：2013 和 ISO/IEC 21481：2012 版均可在 ISO 官方网站上下载免费的电子版。为了加快推动 NFC 产业的发展，当时的飞利浦、SONY 和诺基亚联合发起成立了 NFC 论坛，旨在推动行业应用的发展，定义相关基于 NFC 应用的中间层规范，包括一些数据交换通信协议 NDEF，包括基于非接触式标签的几种 NFC tag 规范，主要涉及卡片内部数据结构定义、NFC 设备（手机）如何识别一个标准的 NFC 论坛兼容的标签、如何解析具体应用数据等相关规范，从而让不同的 NFC 设备之间可以互联互通。比如，实现不同手机之间交换数据，识别同一个电子海报等。

最新的 NFC 技术支持三种模式，分别是卡仿真模式、点对点仿真模式和读写模式，如图 8-21 所示。

1）卡仿真模式（Card emulation mode）：这个模式相当于一张采用 RFID 技术的 IC 卡。它可以替代大量使用 IC 卡（包括信用卡）的场合，如银行卡、公交卡、门禁管制、车票、门票等。此种方式有一个极大的优点：卡片通过非接触读卡器的 RF 域来供电，即便是寄主设备（如手机）没电也可以工作。

2）点对点模式（P2P mode）：它和红外线类似，可用于数据交换，只是传输距离较短，传输创建速度较快，传输速度也快些，功耗低（蓝牙也类似）。将两个具备 NFC 功能的设备连接，能实现数据点对点传输，如下载音乐、交换图片或者同步设备地址簿。因此通过 NFC，多个设备（如数位相机、PDA、计算机和手机）之间都可以交换资料或者服务。

3）读写模式（Reader/Writer mode）：作为非接触读卡器使用，比如从海报或展览信息电子标签上读取相关信息。

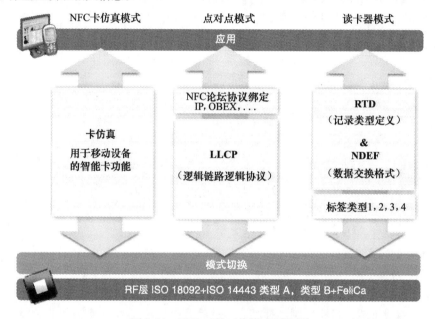

图 8-21　NFC 三种工作模式原理图

与 RFID 一样，NFC 信息也是通过频谱中无线频率部分的电磁感应耦合方式传递的，但两者之间仍存在很大的区别。首先，NFC 是一种提供轻松、安全、迅速的通信的无线连接技术，其传输范围比 RFID 小；其次，NFC 与现有非接触智能卡技术兼容，已经成为越来越多厂商支持的正式标准；再次，NFC 是一种近距离连接协议，提供各种设备间轻松、安全、迅速而自动的通信。与无线世界中的其他连接方式相比，NFC 是一种近距离的私密通信方式。NFC、红外线、蓝牙同为非接触传输方式，它们具有各自不同的技术特征，可以用于不同的目的，其技术本身没有优劣差别。NFC 手机内置 NFC 芯片，比原先仅作为标签使用的 RFID 增加了数据双向传送的功能，这个进步使得其更加适合用于电子货币支付，特别是支付所需的相互认证、动态加密和一次性密钥（OTP）等技术，在 NFC 上都可以实现，而 RFID 却无法实现或很难实现这些技术。NFC 技术支持多种应用，包括移动支付与交易、对等式通信及移动中信息访问等。通过 NFC 手机，人们可以在任何地点、任何时间，通过任何设备，与他们希望得到的娱乐、服务与交易联系在一起，完成付款、获取海报信息等。NFC 设备可以用作非接触式智能卡、智能卡的读写器终端以及设备对设备的数据传输链路，其应用主要可分为以下四个基本类型：用于付款和购票、用于电子票证、用于智能媒体以及用于交换、传输数据。

　　支持 NFC 的设备可以在主动或被动模式下交换数据。在被动模式下，启动 NFC 通信的设备，也称为 NFC 发起设备（主设备），在整个通信过程中提供射频场（RF-field）。它可以选择 106kbit/s、212kbit/s 或 424kbit/s 的其中一种传输速度，将数据发送到另一台设备。另一台设备称为 NFC 目标设备（从设备），它不产生射频场，而是使用负载调制（load modulation）技术，即可以相同的速度将数据传回发起设备。此通信机制与基于 ISO14443A、MIFARE 和 FeliCa 的非接触式智能卡兼容，因此，NFC 发起设备在被动模式下，可以用相同的连接和初始化过程检测非接触式智能卡或 NFC 目标设备，并与之建立联系。图 8-22 所示为 NFC 主动通信模式。

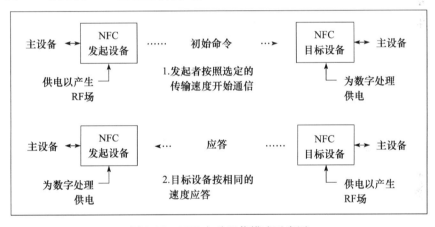

图 8-22　NFC 主动通信模式示意图

　　NFC 与 RFID 的主要区别是：第一，NFC 将非接触读卡器、非接触卡和点对点功能整合进一块芯片中，而 RFID 必须由阅读器和标签组成。RFID 只能实现信息的读取以及判定，而 NFC 技术则强调的是信息交互。通俗地说 NFC 就是 RFID 的演进版本，双方可以近距离交换信息。NFC 手机内置 NFC 芯片，组成 RFID 模块的一部分，可以当作 RFID 无源标签使用进行费用支付；也可以作为 RFID 读写器，用于数据交换与采集；还可以进行 NFC 手机之间的数据通信。第二，NFC 传输范围比 RFID 小，RFID 的传输范围可以达到几米、甚至几十米，但由于 NFC 采取了独特的信号衰减技术，相对于 RFID 来说 NFC 具有距离近、带宽高、能耗低等特点。第三，应用方向不同。从目前来看，NFC 更多的是针对于消费类电子设备的相互通信，有源 RFID 则更擅长于长距离识别。随着互联网的普及，手机作为互联网最直接的智能终端，必将会引起一场技术上的革命，如同蓝牙、USB、GPS 等一样，NFC 将成为日后手机最重要的标配，通过 NFC 技术，手机支付、看电影、坐地铁都能实现，将在我们的日常生活中发挥更大的作用。

NFC 和蓝牙（Bluetooth）都是短程通信技术，而且都被集成到移动电话中，但 NFC 不需要复杂的设置程序，NFC 也可以简化蓝牙连接。NFC 略胜蓝牙的地方在于其设置程序较短，但无法达到低功率蓝牙（Bluetooth Low Energy）的速度。在两台 NFC 设备相互识别过程中，使用 NFC 来替代人工设置会使创建连接的速度大大加快，达到少于十分之一秒。NFC 的最大数据传输量 424kbit/s 远小于蓝牙 V2.1（2.1Mbit/s）。虽然 NFC 的传输速度与距离不如蓝牙（小于 20cm），但相应地可以减少不必要的干扰，这使得 NFC 特别适用于设备密集但传输困难的情况。相对于蓝牙，NFC 兼容于现有的被动 RFID（13.56MHz ISO/IEC 18000-3）设施。NFC 的能量需求更低，与蓝牙 V4.0 低能协议类似。当 NFC 在一台无动力的设备（比如一台关机的手机、非接触式智能信用卡，或是智能海报）上工作时，NFC 的能量消耗会大于低能蓝牙 V4.0。对于移动电话或是移动消费性电子产品来说，NFC 的使用比较方便。NFC 的短距离通信特性正是其优点，由于耗电量低，一次只和一台机器连接，拥有较高的保密性与安全性，NFC 有利于避免信用卡交易时被盗用。NFC 的目标并非取代蓝牙等其他无线技术，而是在不同的场合、不同的领域起到相互补充的作用。因为 NFC 的数据传输速率较低，仅为 212kbit/s，不适合诸如音视频流等需要较高带宽的应用。而所谓 RFID 标准和 NFC 标准的冲突，是对 NFC 的一种误解。NFC 和 RFID 在物理层有相似之处，但其本身和 RFID 是两个领域的技术，RFID 仅仅是一种通过无线对标签进行的识别技术，而 NFC 是一种无线通信方式，这种通信方式是交互的。NFC、蓝牙和红外的技术对比如表 8-7 所示。

表 8-7　NFC、蓝牙和红外的技术对比表

	NFC	蓝牙	红外
网络类型	点对点	单点对多点	点对点
使用距离	≤0.1m	≤10m	≤1m
速度	106、212、424kbit/s；规划速率可达 868kbit/s、721kbit/s、115kbit/s	2.1Mbit/s	~1.0Mbit/s
建立时间	<0.1s	6s	0.5s
安全性	具备，硬件实现	具备，软件实现	不具备，使用 IRFM 时除外
通信模式	主动 - 主动/被动	主动 - 主动	主动 - 主动
成本	低	中	低

NFC 天线是一种近场耦合天线，由于 13.56MHz 的波长很长，且读写距离很短，因此适合磁场耦合，而线圈是实现磁场耦合的最简单方式。由于手机之类的消费型产品有很高的外观要求，因此天线一般需要内置。但是内置后，天线就必须贴近主板或电池（都含有金属导体成分）。这样设计的后果是，天线会在导体表面产生涡流从而削弱天线的磁场。因此，业界在手机中通常采用磁性薄膜（如 TDK 等公司生产）贴合 FPC 方式来做天线。一种新技术是磁性薄膜与 FPC 合一，也即磁性 FPC。

NFC 具有成本低廉、方便易用和直观性更强等特点，这使其在某些领域显得更具潜力——NFC 通过一个芯片、一根天线和一些软件的组合，能够实现各种设备在几厘米范围内的通信，而费用仅为 2~3 欧元。据 ABIReasearch 有关 NFC 的最新研究，到 2005 年

以后，市场会出现采用 NFC 芯片的智能手机和增强型手持设备。到 2009 年，这种手持设备将占一半以上的市场。研究机构 Strategy Analytics 预测，至 2011 年全球基于移动电话的非接触式支付额将超过 360 亿美元。如果 NFC 技术能得到普及，它将在很大程度上改变人们使用许多电子设备的方式，甚至改变使用信用卡、钥匙和现金的方式。

NFC 的基本标签类型有四种，以 1 至 4 来标识，不同类型有不同的格式与容量。

- **第 1 类标签**（Tag 1 Type）：此类标签基于 ISO14443A 标准，具有可读、重新写入的能力，用户可将其配置为只读。其存储容量为 96 字节，可以用来存储网址或其他小量数据。其内存可被扩充到 2k 字节。此类 NFC 标签的通信速度为 106kbit/s。优点是标签简洁，故成本效益较好，适用于许多 NFC 应用。

- **第 2 类标签**（Tag 2 Type）：此类标签也是基于 ISO14443A，具有可读、重新写入的能力，用户可将其配置为只读。其基本内存大小为 48 字节，但可被扩充到 2k 字节。通信速度也是 106kbit/s。

- **第 3 类标签**（Tag 3 Type）：此类标签基于 Sony FeliCa 体系。具有 2k 字节内存容量，数据通信速度为 212kbit/s。故此类标签较适合复杂的应用，尽管成本较高。

- **第 4 类标签**（Tag 4 Type）：此类标签被定义为与 ISO14443A、B 标准兼容。制造时被预先设定为可读/可重写或者只读。内存容量可达 32k 字节，通信速度介于 106kbit/s ~ 424kbit/s 之间。

从上述不同标签类型的定义可以看出，前两类与后两类在内存容量、构成方面大不相同。故它们的应用不会有很多重叠。第 1 与第 2 类标签是双态的，可为读/写或只读。第 3 与第 4 类则是只读，数据在生产时写入或者通过特殊的标签写入器来写入。

NFC 的应用领域十分广泛，图 8-23 所示为 NFC 论坛官网给出的 NFC 生态系统。

图 8-23　NFC 生态系统示意图

图 8-24 所示为 NFC 手机典型的应用场景。

图 8-24　NFC 手机应用场景示意图

　　如上图所示，NFC 手机可广泛应用于身份识别、打卡、门禁、安全登录、物流、便捷支付、会员会籍管理以及各种票据等，其广泛应用将大大方便人们的日常生活和工作，是智慧城市中不可或缺的技术之一。

习题 8

1. 结合实际应用，谈谈用传感器进行数据通信的必要性。
2. 传感器中典型的通信模块包括哪些部分？
3. 常用的传感器通信模块有哪些？
4. 主要的传感器通信协议有哪些？
5. 试设计一种通用的传感器数据通信模块，详细说明其结构和工作原理。

参考文献

［1］　何道清，张禾，谌海云．传感器与传感器技术［M］.3 版．北京：科学出版社，2014.

［2］　王小强，等．ZigBee 无线传感器网络设计与实现［M］.北京：化学工业出版社，2012.

［3］　纳亚克．无线传感器及执行器网络-可扩展同数据通信的算法［M］.北京：机械工业出版社.

［4］ 刘爱华、满宝元. 传感器原理及应用[M].北京：人民邮电出版社，2006.

［5］ 黄衍玺. 无线传感器数据处理中心设计方法[J].信息通信，2014，5.

［6］ 吕然.ZigBee 标准及其进展［M］移动通信国家工程研究中心，2013.

［7］ 青岛东合信息技术.Zigbee 开发技术及实践[M].西安：西安电子科技大学出版社，2014.

［8］ 严紫建、刘元安.Bluetooth 蓝牙技术. 北京：北京邮电大学出版社，2013.

［9］ 刘书生，赵海. 蓝牙技术应用[M].吉林：东北大学出版社，2001.

［10］ 张秋艳. 超宽带（UWB）无线通信技术问题探索[J].科技传播，2010.

［11］ 朱刚，谈振辉，周贤伟. 蓝牙技术原理与协议[M].北京：北京交通大学出版社，2002.

第9章 传感器的应用

　　传感器是一种检测装置，能感受到被测量的信息，并能将检测感受到的信息，按一定规律变换为电信号或其他所需形式的信息输出，以满足信息的传输、处理、存储、显示、记录和控制等要求。它是实现自动检测和自动控制的首要环节。传感器的应用领域非常广泛，包括机械制造、汽车电子产业、通信技术、消费电子等领域。

9.1　基于无线传感器的网络协同智能交通系统

　　无线网络技术应用在智能交通中将会对交通管理产生巨大的影响。随着微电子技术、计算机技术和无线通信技术的发展，交通相关信息的采集、处理和传输变得更加容易。三大技术的发展将会推动无线网络技术向低成本、快速的信息处理、处理后的信息快速传输方向发展，形成多层次的无线智能网络，改变目前人与交通的信息交互模式，在提高交通的运输效率、车辆运行的安全、驾驶的舒适等方面提供技术支撑。

　　无线传感器网络协同智能交通系统（Intelligent Transportation System，ITS）是利用无线网络技术，实现安全、有效、舒适、环境友好的交通管理，通过协调与交通相关要素，如驾驶员、道路、环境等的关系，达到管理调度的目的。无线网络协同就是利用传感技术、信息处理技术、无线通信技术实现分层次的交通相关信息采集和协同管理，其中信息采集包括驾驶员状态监测的无线传感器体域网络、行驶车辆与道路设施无线通信系统、短距离的车辆与车辆间的通信系统、气象无线系统、环境监测无线系统、中距离的交通参数与城域网的通信系统、长距离的微波或光纤网通信系统等。

　　智能交通系统中的传感器网络结构通常包括带有信息处理单元的传感器节点、汇聚节点和管理节点。大量传感器节点随

机部署在监测区域内部或附近，能够通过自组织方式构成，网络具有自我配置和自修复功能。传感器节点监测的数据沿着其他传感器节点逐跳传输，在传输过程中，监测数据可能被多个节点处理，经过多跳后路由到汇聚节点，最后通过互联网或卫星到达管理节点。用户通过管理节点对传感器网络进行配置和管理，发布监测任务以及收集监测数据。

9.1.1　数据融合技术在体域医学无线传感器网络中的应用

由于疲劳驾驶而导致的特大交通事故在每年的交通事故中占有很大比例，疲劳驾驶不但会影响司机的视觉、反应和判断能力，而且影响司机的警觉性和对问题的处理能力。特别是由于疲劳而产生的短暂"伪睡眠"期增多，成为交通事故发生的重要诱因。采用布置在驾驶员身上的体域医学无线传感器可以有效监测驾驶员的生理状态。它的体系结构如图9-1所示。有关穿戴式传感器体域网的研究，目前国内外在理论上和技术原理上的研究呈现蓬勃发展的趋势。

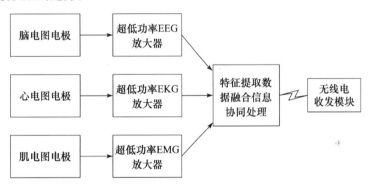

图9-1　无线传感器体域网的系统框图

疲劳状态监测参数主要包括脑电图（Electroencephalogram，EEG）、心电图（Electro-cardiagram，EKG）和肌电图（Electromyography，EMI）等。脑电图是反应疲劳的重要指标，澳大利亚科学家的实验分析了驾驶员在清醒、接近疲劳、疲劳、极度疲劳和从疲劳惊醒5个不同阶段变化的特点。心电图也是判断驾驶员疲劳的一项指标，包括心率指标和心率变异指标。肌电图也是反应疲劳的重要指标，包括肌肉静止或收缩时的电活动，及应用电刺激检查神经、肌肉兴奋及传导功能等。

比利时的校际微电子研究中心（Interuniversity Microelectronics Center，IMEC）开发了一种2通道的无线脑电图系统，能够从人体温度中汲取能量，具有体积小、功耗低和完全自动免维护的特点。将采集到的高质量的脑电图信号送至数字信号处理单元，进行数据预处理和以数据为中心的数据融合操作，将处理后的数据无线通信方式传送至PC机做进一步分析。ECG和EEG无线节点可以构成无线传感器体域网络，采用信息融合方法对多个指标值进行综合判定，最终得出有效的驾驶员疲劳状况，从而提高驾驶安全性。

9.1.2　协同信息处理技术在智能交通车车无线通信中的应用

车辆与车辆之间（car-to-car）的通信是实现安全、高效的协同智能交通运输系统的重要因素，是最近一个国际上非常热门的研究方向。交通监控系统的传统形式是沿着车道安装环状探测传感器来获取车流量信息以及通过路旁摄像机监视获取视频信息，再传递到中心处理器做进一步处理，从而形成集中化结构，此类系统需要定期维护，成本较高。

安全高效舒适的协同智能交通首先要实现信息的共享。一部车辆可向其他车辆主动咨询所需的信息，当前方有紧急事件发生时，车辆彼此间也可迅速交换信息。例如，在紧急情况下报警，在发生事故或前方猛踩刹车的情况下，信息发到后面跟随的车辆。事故信息甚至能够反方向传送，此信息可以被可能进入这次事故发生区域的车辆共享。另外，嵌入汽车发动机和其他地方的传感器能够用来交换信息，可以与车本身的计算机交互信息，通过与装备了复杂计算机和通信能力的车或路边设施通信而实现对发动机的诊断，促进车辆的定期维修，减少故障发生率。

这个车车通信的网络具有以下特点：

1）车辆间有所谓的相对速度。在相对速度较高的情况下，网络拓扑难以管理。车辆间使用短距离通信时，传输半径较短，使得车辆在较高的相对速度移动情况下，事先找好的路径可能已经失效，必须再寻找新的路径，整体网络性能将变差。

2）道路上的车辆并非均匀分布，网络拓扑可能被分成几部分。近距离内的车辆可以相互通信，某些车辆因为距离遥远、传输范围等限制而无法直接通信。

3）车车通信网络规模较大，网络密度多变。低峰时段，道路上的车辆可能寥寥可数，但在高峰时段，道路上可能发生堵车的情况。

对于以上多变的情况，充分发挥车车网络之间的协同信息处理能力，可实现动态的网络组簇，整个网内的信息处理能力和交互能力尤为重要，保证了车与车之间的行驶安全。

9.1.3　协同信息处理技术在智能交通车路无线通信中的应用

当车车通信由于距离较远无法实现时，车辆可以通过路边的接入设备或基站连接到服务器，构成庞大的无线和有线互联网络，车辆与路边交通设施之间（car-to-infrastructure）的实时通信，便显得尤为关键。路边的设施通常由一些功能模块组成，如道路设施的信息获取敏感器件、装载在车辆上的敏感系统、报警系统、数据处理和融合单元以及地理信息系统等。

路边单元是沿着马路或高速公路指定或专用的固定设备。为了满足短距离无线通信的需要，路边的设置包括无线技术的网络装置，同时含有可以获取车辆的速度等相关信息的敏感系统。路边的通信单元的主要功能如下：

1）扩展车辆间组成点对点（Ad hoc）网络的通信距离。当车载单元进入路边单元的通信范围时，路边单元可将两个车载单元组成的网络联系起来，扩展信息交换的范围。路边单元通过无线多跳技术，实现车辆直接向前方传送数据的链路功能。

2）行驶安全应用。在桥梁、道路施工现场、十字路口等需要安置路边单元的地方，路边单元可以作为信息源和收发器，对车辆发出预警信息，保障行车安全，同时可以进行环境监测、气象预报等。

车载单元是一个短距离无线收发系统，可以嵌入汽车里或作为便携系统安装在汽车上。车载单元将提供车辆与路边交通设施的通信功能和车辆间的通信车载单元、应用处理系统、人机交互接口和 GPS 构成车载系统。

车路组成的无线网络内的速度、位置等信息需要做数据融合和处理，协同完成信息的交互，最终综合决策是否给出一定的预警信息来保证行车安全。

9.2 建筑物健康监测无线传感器网络系统及信息处理技术

9.2.1 建筑物无线传感器健康监测概述

任何建筑物都有一定的使用周期，建筑物的安全性会随着使用时间的增加逐渐恶化。周期性地监测能够提供建筑物的健康程度信息，对险情及时报警，从而减少一些不必要的人员、财产损失。传统的建筑物监测系统多采用有线方式，即把传感器节点布设在建筑物内一些重要的位置上，通过光缆与监测中心连接。这种有线监测系统存在诸多缺点：首先是成本高，系统使用的光缆和专用传感器价格昂贵；其次是可靠性差，光缆会随着使用时间的延长逐渐老化，在强风、地震等恶劣气候的影响下，线路很容易遭到破坏而不能进行可靠的数据传输。

本节将介绍斯坦福大学的研究人员提出的一种基于无线传感器网络技术的无线监测系统，并介绍它在智能建筑监测上的应用。构建无线传感器网络监测系统需要考虑以下技术性问题：

1）节能。对于一些大型建筑物，传感器节点需要分布在各个角落，其中大部分离监测中心很远。而无线监测系统由于无线传输的距离有限且传感器节点只依靠电池供电的方式工作，如何远距离地传送数据以及如何节省能量以便尽量延长系统的维护周期是构建无线监测系统所需要考虑的关键问题。

2）无线传感器的选择。传统的建筑物健康监测传感器具有价格昂贵、布局困难和能量消耗等缺点，不适合应用在无线监测中。随着微机电（MEMS）技术的出现与发展，传感器在成本和能量消耗上已经大大降低。选择价格合适、性能符合要求的传感器也是很重要的。

3）数据的产生速率。在建筑健康监测的准实时系统中，需要考虑测量建筑响应时传感器节点中数据的产生率，它给出了接近实时性能的系统吞吐量需求。

4）数据的同步。在无线监控环境中，由于从传感器节点数据采样到监测站接收数据的延时是不可控的，因此系统必须提供分布式传感器数据同步的方法。

9.2.2　信息处理技术在无线传感器健康监测网络中的应用

斯坦福大学的研究人员提出了一个基于分簇结构的两层无线传感器网络监测系统。为了节省数据传输过程中消耗的能量，可以根据节点间距离的远近将其划分成簇，每个簇由相互靠近的传感器节点组成。簇首作为本地站点控制者（LSM）没有能量的限制，它负责协调和收集簇内节点的监测数据。监测系统的通信网络由两层子系统构成：底层子系统由低数据率、低传输范围和能量受限的传感器节点组成，上层子系统由高数据率、大传输范围和没有能量受限的簇首节点组成。在系统监测过程中，底层传感器节点将收集到的数据传送给上层相应的簇首，簇首对数据进行简单的融合后可以直接传送给监测中心进行处理，也可传送给其他簇头进行再次融合后传送给监测中心。

底层传感器节点由节点控制器、无线收发器、静态存储器、低灵敏度的加速度计、内含高灵敏度加速度计的传感器模块和高分辨率、低速 AD 转换器等构成。节点中使用两种类型的加速度计是为了实现两种情况的监测，即极端事件（地震）监测和长期监测。为了尽可能地降低能量损耗，从而延长整个系统的生存时间，节点存在四种操作状态：睡眠、更新、半睡眠和唤醒。在睡眠状态，无线收发器和传感器模块都处于休眠状态，控制器和加速度计周期性接通电源以便监测可能发生的极端事件。在更新状态中，传感器模块处于休眠状态，控制器和无线电收发器被打开，加速度计则仍然是周期性接通电源模式。状态的更新由簇首和控制器之间的通信过程实现。在半唤醒状态中，无线收发器休眠，传感器模块、加速度计模块和控制器都处于打开状态，该状态下没有数据发送，但是有加速度计的采样输出行为。在唤醒模式中，无线电收发器、传感器模块、加速度计和控制器都处于打开状态，此时传感器输出采样数据并利用无线收发器接收和传输数据。

簇首节点主要包括两个无线收发器和一个簇首控制器。其中一个无线收发器工作在 915MHz，用来和簇内的传感器节点通信；另外一个无线收发器工作在 2.4GHz，用来和相邻的簇首节点或监测中心通信。

无线建筑监测系统主要监测以下两种情况：极端事件监测和长时间周期性的监测。

当建筑物的加速度超过阈值大约 5mg 时，就认为发生了极端事件。极端事件发生后，如果加速度值在一个阈值时间间隔内返回到阈值以下，就认为极端事件结束。当传感器探测到某个极端事件发生时，它就进入了激活状态。节点一方面增加加速度计的采样频率，满足该层输出的需要，并向存储器记录数据；另一方面需要记录事件发生的本地时钟时间，然后和簇首同步，按照簇首的时钟同步本地时钟，修改已记录事件发生的时间。节点与簇首之间的通信采用 TDMA 机制，簇首接收节点的数据后发送给监测中心。

对于长期的监测，监测中心采用时间调度来记录周围环境震动信息发生的时间。根据所期望或已存在的环境条件制调度表后传送给网络中的簇首。长期监测过程中，传感器节点通常处于睡眠状态，每天在统一时间间隔内的固定时刻被唤醒，然后进入更新状态。被唤醒的节点需要和簇首进行同步，然后检查所有调度更新。假如节点发现在下一个时间间隔内预先安排了监测状态，它就通过设置唤醒定时器来保证在调度时间内被唤醒并进入唤醒状态。当节点和簇首的同步过程完成后，它们就在预先设定的时间间隔内交替采用唤醒状态和半唤醒状态来传送震动采样数据。

9.3 基于 RVM 的多功能自确认水质检测传感器

目前，全世界都面临着水资源短缺和污染严重的问题，水质检测工作越来越受到人们的重视。水质检测传感器是水质检测设备信息获取的源头，其检测精度、可靠性等指标直接影响水质检测的结果。现有的水质检测设备使用的传感器几乎未对其工作状态作任何自确认，即一直认为传感器工作正常，这样一旦传感器发生故障，其输出结果严重偏离实际，可能会造成误报，降低检测结果的可信度。在水质检测传感器的使用过程中，由于待测水环境的复杂性（例如泥沙、水藻等在水质传感器上附着，水中杂物对传感器的冲击）等原因，水质检测传感器发生故障是较为常见的现象。

水质检测一般需要对多个参数同时进行测量，目前水质检测设备使用的传感器大多是针对每种参数使用一种对应的传感器，例如上海雷磁仪器厂研制的 SJG-704 型水质检测仪，能够同时在线测 pH、溶解氧、浊度、电导率和温度五项参数，它使用了五种对应的传感器。国外对水质检测传感器的研究较为深入，研究出了能够同时检测多个参数的多功能水质检测传感器，如澳大利亚高原公司生产的 CS304 系列能够同时测量电导率、温度、溶解氧、pH 四种参数，另外德国、美国等也有类似的产品。这些多功能传感器虽然能同时测量多个参数，但仍然无法对传感器本身的工作状态进行自确认。

为解决上述提到的问题，本部分介绍了一种基于 RVM 的多功能自确认水质检测传感器，充分利用水质检测过程中多个参数之间的相关性，实现对传感器工作状态的自确认，提高了传感器的可靠性。

9.3.1 RVM 原理介绍

RVM 是一种基于贝叶斯概率学习模型的有监督小样本学习理论。在贝叶斯框架下，利用自相关判定理论移除不相关的点，可获得稀疏化模型。与 SVM 相比，它克服了核函数必须满足 Mercer 条件的缺点，同时由于对解的稀疏性要求较高，因此在保证精度的同时，缩短了运算时间，适用于对实时性要求较高的多功能自确认水质检测传感器的故障诊断与数据恢复。

9.3.2 基于 RVM 的传感器故障诊断和数据恢复

传感器故障模式分析是进行故障诊断和数据恢复的前提。本节首先根据传感器工作原理，结合实测数据，对多功能水质检测传感器的常见故障进行了分析，在此基础上介绍基于 RVM 的传感器故障诊断和数据恢复算法。

1. 传感器故障模式分析

多功能自确认水质检测传感器常见的故障主要有以下几种。

1）测温电阻开路故障。测温电阻由于存在虚接、电阻丝断裂等原因容易造成开路故障，此时温度参数表现为正向满量程输出（由于测量对象为海水，设定其最高输出为 100℃）。

2）pH 电极常值输出。由于含碱水源在电极表面易形成污垢，使得 pH 电极表面的敏感膜失去作用，电极输出为一个常数，这种故障称为 pH 电极常值输出。

3）pH 电极显著突变。通常情况下，pH 电极的内阻很高，极易受外界干扰，但由于一般情况下干扰时间较短，因此表现为输出数据显著突变，这种故障称为 pH 电极显著突变。

4）盐度测量电极极化。盐度测量敏感单元采用双电极式对电极施加直流电源，并在阳极上发生氧化反应，在阴极上发生还原反应，这就是法拉第过程。这时产生了电解产物，并且有电极与溶液构成电势与外加电势相反的原电池，从而使电极间的电流减小，等效溶液电阻增加，产生化学极化效应。这会造成盐度测量数据在一段时间内出现一定的偏差，这种故障称为盐度测量电极极化。

2. 基于 RVM 的传感器故障诊断算法

基于 RVM 的传感器故障诊断算法实质上是将多功能自确认水质检测传感器的各种故障模式进行编码，利用已知故障模式的数据集训练 RVM 多分类机，实际应用时，将实时测量数据输入 RVM 多分类机进行分类，确定故障类型。这样就将故障诊断的问题转化为多分类问题。通常情况下，多功能自确认传感器同时测量多个参数，其故障模式种类也较多，因此其故障诊断通常是一个多分类问题，RVM 理论可以直接进行多分类问题的推导，但由于算法复杂度很高，并不实用，这里采用的是利用 RVM 二分类机层次扩展来构建 RVM 多分类机，其具体步骤如下：

1）利用正常状态下的数据和各种故障状态下的数据训练基于 RVM 的多分类机。首先将正常模式和各种故障模式作为两类训练，然后将各种故障层次分解进行训练，得到完整的故障诊断分类机。如有新的故障模式出现，则需要重新训练分类机。基于 RVM 二分类机的训练过程如下：①将两类样本数据标准化，消除量纲的影响；②将两类样本分别编码为 0、1，作为目标向量；③利用核函数将标准化数据映射到特征空间，进行超参数更新，计算得到 A（核函数的对角元素）；④计算 ω_{MP}（权值向量）；⑤计算分类目标值，完成分类。

2）在线故障诊断时，将实测数据输入步骤 1）得到的故障诊断分类机，如果出现故障则进行数据恢复。算法的总体流程可用图 9-2 表示。

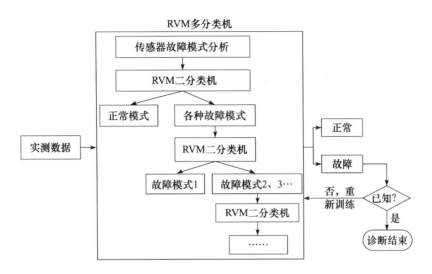

图 9-2 基于 RVM 的故障诊断方法

3. 基于 RVM 的数据恢复算法

当传感器发生故障时，应充分利用多个参数之间的相关性，利用正常输出的测量参数对故障部分进行数据恢复。例如，温度、盐度、pH 之间都存在相关性，具备实现数据恢复的基本条件。基于 RVM 的数据恢复算法具体步骤如下：

1）利用正常数据建立基于 RVM 的回归分析模型。以 pH、温度与盐度的关系为例，介绍建模过程：①以 pH、温度测量值作为输入集 x_{2N}，N 为采样点数，盐度测量值作为目标集 $\{t_n\}_{n=1}^N$，组成数据训练集，并对数据进行标准化处理，消除量纲的影响；②初始化 a 和 σ^2；③计算后验分布的均值 μ 和方差；④重新计算 a^{new} 和 $(\sigma^2)^{new}$；⑤重复步骤③、④直到满足收敛条件；⑥剔除 a 中趋向于无穷大的元素（μ_i 为 0），得到稀疏化的模型；⑦对训练集中 t 进行估计。

2）当传感器发生故障时，利用步骤 1）建立的模型，使用正常部分的测量值对故障数据进行回归预测，用预测数据代替故障数据，实现数据恢复。例如，当盐度测量电极发生故障时，可以用温度和 pH 测量值依据 RVM 回归模型对其进行预测，短时间内代替盐度测量值，实现数据恢复。

习题 9

1. 简述车车通信网络的特点。
2. 简述 RVM 的故障诊断方法。
3. 分析无线传感器可应用于建筑健康的哪些方面的监测？
4. 协调信息处理技术还可以应用于哪些方面？
5. 简述传感器的其他应用领域。

参考文献

［1］ 郑怀礼，高杰，邓子华．环境监测生物传感器的研究和发展［M］.重庆建筑大学学报，1997，19：116-121.

［2］ 郑怀礼，龚迎昆．生物传感器在环境监测中的应用及发展前景［M］.世界科技研究与发展，2002，24：24-27.

［3］ 于海斌，曾鹏，梁华．智能无线传感器网络系统［M］.北京：科学出版社，2006：15-29.

［4］ 安实，王健，等．城市智能交通管理技术与应用［M］.北京：科学出版社，2005：8-21.

［5］ 李晓维，徐勇军，等．无线传感器网络技术［M］.北京：北京理工大学出版社，2007：319-321.

［6］ 王殊，胡富平，等．无线传感器网络的理论及应用［M］.北京：.北京航空航天大学出版社，2007：56-78.

［7］ 赵友全，王慧敏，等．基于紫外光谱法的水质化学需氧量在线检测技术［J］.仪器仪表学报，2010，31：1927-1932.

附录 "传感器原理与应用"课程实验教学大纲

1. 实验概述

"传感器原理与应用"课程实验在内容上包括传感器的核心知识点，学生通过实验，应掌握传感器系统的工作原理和设计方法，掌握典型传感器的应用方法，为今后从事物联网应用系统设计和传感器产品开发打下基础。

2. 实验目的和要求

"传感器原理与应用"课程实验目的是让学生掌握传感器的工作原理，掌握运用传感器进行应用系统的设计方法，了解传感器的设计方法。

3. 主要原理及概念

本实验涉及传感器应用系统设计和传感器产品开发的主要原理和基本实现技术。

4. 实验环境

无线传感器实验套件、光纤传感器实验套件、成像传感器实验套件。

5. 实验内容

实验1 基本认知

本环节主要在课外完成，建议开设时间为4学时。

通过搭建单一传感器节点构成的基本系统，进行温度传感等应用实验，使学生对传感器的基本系统构件及应用系统有一个直观的认识。

实验2 基本技术

本环节主要在课内完成，建议开设时间为8学时。

基本技术实验主要包括温度检测、机械量检测、光电红外、数字式位置、环境量检测等传感器应用实验，使学生掌握各类传感器的应用技术。通过温度和加速度无线传感器实验、位移和温度光纤传感器实验，使学生掌握无线传感器和光纤传感器等智能传感器的工作原理、结构、组网方式和应用技术。通过实验套件的演示和操作，使学生了解实际传感器应用项目中经常会遇到的一些问题及解决方法，提高学生的实际问题解决能力。

实验 3　综合实践

各学校可以根据自身特点，在课内开设或在课外开设，建议开设时间为 16 学时。

综合实践要求学生综合运用课程学习到的理论和技术，动手设计基本的温度传感应用系统、加速度传感应用系统、成像传感应用系统、光纤位移传感应用系统，以及基本的传感器节点。应用系统以实验套件为基础，具有感知、传输、数据处理和发布等功能。传感器产品以无线传感器为目标，以 FPGA 方式，设计传感模块、处理模块、通信模块，并将 TinyOS 集成在一起，具有无线传感器的基本功能。